21世纪高等学校计算机基础实用规划教材

数据库技术与应用实践教程

——Access

刘卫国 王 鹰 主编

清华大学出版社

北京

内 容 简 介

本书是与《数据库技术与应用——Access 2007》配套的教学参考书。全书包括 3 部分内容：上机实验指导，可方便读者上机操作练习，通过有针对性的上机实验，可以更好地掌握数据库的基本操作；习题选解，紧密结合课程学习，以数据库的基础知识和 Access 2007 基本操作为主，可以作为课程学习或参加各种计算机考试的辅导材料；数据库应用系统案例，在课程学习的基础上，以应用开发技术为主，使读者能逐步掌握数据库应用系统开发的方法和技巧。

本书集实验、习题和案例于一体，内容丰富，实用性强，且具有启发性和综合性，适合作为高等学校数据库应用课程的教学用书，也可供社会各类计算机应用人员阅读参考。

图书在版编目（CIP）数据

数据库技术与应用实践教程——Access/刘卫国，王鹰主编. —北京：清华大学出版社，2011.6

（21 世纪高等学校计算机基础实用规划教材）

ISBN 978-7-302-24740-1

Ⅰ. ①数…　Ⅱ. ①刘…　②王…　Ⅲ. ①关系数据库－数据库管理系统，Access 2007－高等学校－教学参考资料　Ⅳ. ①TP311.138

中国版本图书馆 CIP 数据核字(2011)第 021430 号

责任编辑：魏江江　赵晓宁
责任校对：梁　毅
责任印制：杨　艳

出版发行：清华大学出版社　　　　　　　　　　　　　地　　　址：北京清华大学学研大厦 A 座
　　　　　http://www.tup.com.cn　　　　　　　　　邮　　　编：100084
　　　　　社　总　机：010-62770175　　　　　　　邮　　　购：010-62786544
　　　　　投稿与读者服务：010-62795954，jsjjc@tup.tsinghua.edu.cn
　　　　　质　量　反　馈：010-62772015，zhiliang@tup.tsinghua.edu.cn
印　装　者：北京鑫海金澳胶印有限公司
经　　　销：全国新华书店
开　　　本：185×260　　　印　　　张：14　　　字　　　数：351 千字
版　　　次：2011 年 6 月第 1 版　　　印　　　次：2011 年 6 月第 1 次印刷
印　　　数：1～3000
定　　　价：24.00 元

产品编号：040641-01

编审委员会成员

（按地区排序）

出 版 说 明

随着我国改革开放的进一步深化,高等教育也得到了快速发展,各地高校紧密结合地方经济建设发展需要,科学运用市场调节机制,加大了使用信息科学等现代科学技术提升、改造传统学科专业的投入力度,通过教育改革合理调整和配置了教育资源,优化了传统学科专业,积极为地方经济建设输送人才,为我国经济社会的快速、健康和可持续发展以及高等教育自身的改革发展做出了巨大贡献。但是,高等教育质量还需要进一步提高以适应经济社会发展的需要,不少高校的专业设置和结构不尽合理,教师队伍整体素质亟待提高,人才培养模式、教学内容和方法需要进一步转变,学生的实践能力和创新精神亟待加强。

教育部一直十分重视高等教育质量工作。2007年1月,教育部下发了《关于实施高等学校本科教学质量与教学改革工程的意见》,计划实施"高等学校本科教学质量与教学改革工程(简称'质量工程')",通过专业结构调整、课程教材建设、实践教学改革、教学团队建设等多项内容,进一步深化高等学校教学改革,提高人才培养的能力和水平,更好地满足经济社会发展对高素质人才的需要。在贯彻和落实教育部"质量工程"的过程中,各地高校发挥师资力量强、办学经验丰富、教学资源充裕等优势,对其特色专业及特色课程(群)加以规划、整理和总结,更新教学内容、改革课程体系,建设了一大批内容新、体系新、方法新、手段新的特色课程。在此基础上,经教育部相关教学指导委员会专家的指导和建议,清华大学出版社在多个领域精选各高校的特色课程,分别规划出版系列教材,以配合"质量工程"的实施,满足各高校教学质量和教学改革的需要。

本系列教材立足于计算机公共课程领域,以公共基础课为主、专业基础课为辅,横向满足高校多层次教学的需要。在规划过程中体现了如下一些基本原则和特点。

(1)面向多层次、多学科专业,强调计算机在各专业中的应用。教材内容坚持基本理论适度,反映各层次对基本理论和原理的需求,同时加强实践和应用环节。

(2)反映教学需要,促进教学发展。教材要适应多样化的教学需要,正确把握教学内容和课程体系的改革方向,在选择教材内容和编写体系时注意体现素质教育、创新能力与实践能力的培养,为学生的知识、能力、素质协调发展创造条件。

(3)实施精品战略,突出重点,保证质量。规划教材把重点放在公共基础课和专业基础课的教材建设上;特别注意选择并安排一部分原来基础比较好的优秀教材或讲义修订再版,逐步形成精品教材;提倡并鼓励编写体现教学质量和教学改革成果的教材。

(4)主张一纲多本,合理配套。基础课和专业基础课教材配套,同一门课程可以有针对不同层次、面向不同专业的多本具有各自内容特点的教材。处理好教材统一性与多样化,基本教材与辅助教材、教学参考书,文字教材与软件教材的关系,实现教材系列资源配套。

　　（5）依靠专家，择优选用。在制定教材规划时依靠各课程专家在调查研究本课程教材建设现状的基础上提出规划选题。在落实主编人选时，要引入竞争机制，通过申报、评审确定主题。书稿完成后要认真实行审稿程序，确保出书质量。

　　繁荣教材出版事业，提高教材质量的关键是教师。建立一支高水平教材编写梯队才能保证教材的编写质量和建设力度，希望有志于教材建设的教师能够加入到我们的编写队伍中来。

21 世纪高等学校计算机基础实用规划教材

联系人：魏江江 weijj@tup. tsinghua. edu. cn

前　言

数据库技术是一门应用很广、实用性很强的技术。随着计算机技术的发展，特别是计算机网络和 Internet 技术的发展，数据库技术应用到了社会生活的各个领域，成为信息化建设的重要技术支撑。

教育部高等学校计算机基础课程教学指导委员会提出了"1＋X"课程设置方案，即一门"大学计算机基础"和若干门核心课程，"数据库技术与应用"是其中一门重要的核心课程。目前许多高等学校都开设了该课程。通过该课程的学习，使学生能准确理解数据库的基本概念以及数据库在各领域的应用，掌握数据库技术及应用开发方法，具备利用数据库工具开发数据库应用系统的基本技能，为今后应用数据库技术管理信息、更好地利用信息打下基础。为了满足新的教学要求，作者编写了《数据库技术与应用实践教程——Access 2007》一书。

数据库基础课程是一门实践性很强的课程，学习数据库的基础知识、掌握数据库的操作与数据库系统的应用开发技术，不能仅限于纸上谈兵，还要通过大量的上机实践积累经验，数据库应用能力的培养必须以实践为重。本书是与《数据库技术与应用——Access 2007》配套的教学参考书。

全书包括 3 部分内容：上机实验指导、习题选解和数据库应用系统案例。第 1 部分内容为上机实验指导，包括 12 个实验，每个实验都和课程学习的知识点相配合，以帮助读者通过上机实践加深对课程内容的理解，更好地掌握数据库的基本操作。第 2 部分为习题选解，紧密结合课程学习，以数据库的基础知识和 Access 2007 基本操作为主，可以作为课程学习或参加各种计算机考试的辅导材料。第 3 部分为数据库应用系统案例，在课程学习的基础上，以应用开发技术为主，提供两个 Access 2007 数据库应用系统实例，帮助读者掌握数据库应用系统开发的方法和技巧。

本书内容丰富，实用性强，且具有启发性和综合性，适合作为高等学校数据库应用课程的教学用书，也可供社会各类计算机应用人员阅读参考。

本书由刘卫国、王鹰主编，第 1 部分由刘卫国、王鹰、熊拥军编写，第 2 部分由蔡立燕编写，第 3 部分由熊拥军、王鹰编写。参加编写的还有陈昭平、张志良、李斌、康维、罗站城、邹美群、胡勇刚、赵慧明、陈元甲等。清华大学出版社的编辑对本书的策划、出版做了大量工作，在此表示衷心的感谢。

由于编者水平有限，书中难免存在不足之处，恳请广大读者批评指正。

编　者
2010 年 9 月

目　录

第 3 部分　数据库应用系统案例

X

第1部分
上机实验指导

　　学习数据库操作与数据库系统开发,上机实验是十分重要的环节。为了方便读者上机练习,本部分设计了12个实验。这些实验和课堂教学紧密配合,通过有针对性的上机实验,可以更好地熟悉 Access 2007 的功能,掌握 Access 2007 的操作方法,并培养一定的应用开发能力。每个实验包括实验目的、实验内容和实验思考等内容,"实验内容"包括适当的操作提示,以帮助读者完成操作练习。"实验思考"作为实验内容的扩充,留给读者结合上机操作进行思考,可以根据实际情况从中选择部分内容作为上机练习。

　　为了达到理想的实验效果,希望读者能做到以下3点:

　　(1) 实验前认真准备,要根据实验目的和实验内容,复习好实验中可能要用到的概念与操作步骤,做到胸有成竹,提高上机效率。

　　(2) 实验过程中积极思考,要注意归纳各种操作的共同规律,分析操作结果以及各种屏幕信息的含义。

　　(3) 实验后认真总结,要总结本次实验有哪些收获,还存在哪些问题,并写出实验报告。实验报告包括实验目的、实验内容、实验情况及其分析等内容。

　　数据库操作和应用开发能力的提高需要不断地上机实践和长期的积累,在上机过程中会碰到各种各样的问题,分析问题和解决问题的过程就是经验积累的过程。只要按照上面3点要求去做,在学完本课程后就一定会有很大的收获,数据库操作与应用能力就会有很大提高。

实验 1　　Access 2007 操作环境

【实验目的】

1. 熟悉 Access 2007 的操作界面及常用操作方法。

2. 通过罗斯文示例数据库了解 Access 2007 的功能,熟悉常用的数据库对象。

3. 学会查找 Access 2007 的相关帮助信息,培养自主学习意识和能力。

【实验内容】

1. 启动 Access 2007。

Access 2007 的启动与一般的 Windows 应用程序的启动方法完全相同,基本方法及操作过程如下:

(1) 在 Windows 桌面,依次选择"开始"→"所有程序"→Microsoft Office→Microsoft Office Access 2007 命令。

(2) 先在 Windows 桌面建立 Access 2007 的快捷方式,然后双击相应的快捷方式图标。

(3) 利用 Access 2007 数据库文件关联启动 Access 2007,方法是双击任何一个 Access 2007 数据库文件,这时启动 Access 2007 并进入 Access 2007 数据库窗口。

2. 快速访问工具栏的操作。

(1) 自定义快速访问工具栏。

单击快速访问工具栏右侧的下拉箭头,将弹出"自定义快速访问工具栏"菜单,选择"其他命令"菜单项,弹出"自定义快速访问工具栏"设置界面。在其中选择要添加的一个或多个命令,然后单击"添加"按钮。例如,依次添加"表"、"窗体"、"电子邮件"等命令,然后单击"确定"按钮。

也可以在 Office 按钮菜单中单击"Access 选项"按钮,然后在弹出的"Access 选项"对话框的左侧窗格中选择"自定义"选项进入"自定义快速访问工具栏"设置界面。

(2) 查看添加了若干命令按钮后的自定义快速访问工具栏。

(3) 删除自定义快速访问工具栏。

在"自定义快速访问工具栏"设置界面右侧的列表中选择要删除的命令,然后单击"删除"按钮。也可以在列表中双击该命令实现添加或删除。完成后单击"确定"按钮。

(4) 在"自定义快速访问工具栏"设置界面中单击"重设"按钮,将快速访问工具栏恢复到默认状态。

3. Access 2007 提供了一个示范数据库:罗斯文商贸公司数据库,通过查看罗斯文数据库中的数据表、查询、窗体、报表等对象,可以展示 Access 的功能,获得对 Access 2007 数据库的感性认识。

在 Access 2007 主界面"模板类别"区中选择"本地模板"选项,然后在中间的"本地模板"列表区中选择"罗斯文 2007",并单击右侧的"创建"按钮,然后在导航窗格中查看、打开各种数据库对象。

(1) 在罗斯文数据库窗口中,选择表对象,双击产品表,在数据表视图中查看表中的数据记录。

(2) 单击"开始"选项卡,依次选择"视图"→"设计视图"命令,切换到设计视图下,查看表中各个字段的定义,例如字段名称、数据类型、字段大小等,然后关闭设计视图窗口。

(3) 在罗斯文数据库窗口中,选择查询对象,双击"产品订单数"查询对象,在数据表视图下查看运行查询所返回的记录集合。

(4) 单击"开始"选项卡,依次选择"视图"→"设计视图"命令,以查看创建和修改查询时的用户界面。

(5) 单击"开始"选项卡,依次选择"视图"→"SQL 视图"命令,以查看创建查询时所生成的 SQL 语句,然后关闭 SQL 视图窗口。

(6) 在罗斯文数据库窗口中,选择窗体对象,双击"产品详细信息"窗体对象,在窗体视图下查看窗体的运行结果,并单击窗体下方的箭头按钮,在不同记录之间移动。

(7) 单击"开始"选项卡,依次选择"视图"→"设计视图"命令,以查看设计窗体时的用户界面。

(8) 在罗斯文数据库窗口中,选择报表对象,双击"供应商电话簿"报表对象,以查看报表的布局效果。

(9) 单击"开始"选项卡,依次选择"视图"→"设计视图"命令,以查看设计报表时的用户界面。

4. 设置 Access 2007 选项。

在数据库窗口单击 Office 按钮,选择"Access 选项"按钮,将出现"Access 选项"对话框。在左侧窗格中单击"当前数据库"选项,设置是否"显示状态栏"、"显示文档选项卡"、"关闭时压缩"、"显示导航窗格"、"允许默认快捷菜单"等,然后单击"确定"按钮。

注意观察设置前后,Access 2007 工作界面的差别。

5. 查阅常用函数的帮助信息

按 F1 功能键或单击功能区右侧的帮助按钮获取 Date、Day、Month、Now 等函数的帮助信息,从而了解和掌握这些函数的功能。

6. 退出 Access 2007。

要退出 Access 2007,有两种常用的方法:

(1) 单击 Office 按钮,弹出 Office 按钮菜单,单击菜单右下角的"退出 Access"按钮。

(2) 单击 Access 2007 工作窗口右上角的"关闭"按钮。

【实验思考】

1. Access 2007 的功能区包括哪些选项卡? 每个选项卡包含哪些命令? 各自的作用是什么?

2. 结合罗斯文数据库的操作,说明 Access 2007 导航窗格的作用。

3. Office 按钮菜单中的"关闭数据库"命令和"退出 Access"按钮有什么区别? 有时候"关闭数据库"命令呈灰色,这是为什么?

4. 在"Access 选项"对话框中完成下列设置:

（1）在"常用"选项中设置创建数据库的"默认文件格式"和"默认数据库文件夹"。

（2）在"数据表"选项中设置"默认字体"。

（3）在"高级"选项中设置"使用 4 位数年份格式"。

（4）在"自定义"选项中自定义快速访问工具栏。

5．查阅 Access 2007"创建表达式"的帮助信息。

实验 2　Access 数据库的创建与管理

【实验目的】

1. 掌握创建 Access 2007 数据库的方法。
2. 掌握设置与撤销 Access 2007 数据库密码的方法。
3. 了解 Access 2007 数据库的常用操作。

【实验内容】

1. 利用模板创建"资产"数据库并查看其属性。

(1) 在 Access 2007 主界面左侧"模板类别"区域中选择"功能"选项,然后在中间"特色联机模板"列表区域中选择一个"资产"模板,在右侧的"文件名"文本框中输入数据库的名称,并设置数据库的存放位置,然后单击"下载"按钮。

(2) 单击 Office 按钮,在弹出的菜单中依次选择"管理"→"数据库属性"命令,即可打开相应数据库的属性对话框,在该对话框中切换不同的选项卡,可以查看数据库的属性。

2. 在导航窗格中对数据库对象的操作。

右击导航窗格中的任何对象将弹出快捷菜单,所选对象的类型不同,快捷菜单命令也会不同。通过其中的命令可以进行一些相关操作,如数据库对象的打开、复制、删除和重命名等。

(1) 打开"罗斯文 2007"数据库中的员工表。先打开"罗斯文 2007"数据库,在导航窗格中双击员工表,员工表即被打开。也可以在表对象快捷菜单中选择"打开"命令打开表。若要关闭数据库对象,可以单击相应对象文档窗口右端的"关闭"按钮,也可以右击相应对象的文档选项卡,在弹出的快捷菜单中选择"关闭"命令。

(2) 打开多个对象,这些对象都会出现在选项卡式文档窗口中,只要单击需要的文档选项卡就可以将对象的内容显示出来。

(3) 在导航窗格中的表对象中选中需要复制的表,右击,在弹出的快捷菜单中选择"复制"命令。再右击,在快捷菜单中单击"粘贴"命令,即生成一个表副本。

(4) 通过数据库对象快捷菜单,还可以对数据库对象实施其他操作,包括数据库对象的重命名、删除、查看数据库对象属性等。

注意:删除数据库对象前必须先将此对象关闭。

3. 在 Access 2007 中更改默认数据库文件夹。

单击 Office 按钮,然后在弹出的菜单中选择"Access 选项"按钮,在"Access 选项"对话框左侧窗格中单击"常用"选项,在"创建数据库"区域,将新的文件夹位置输入到"默认数据库文件夹"框中(如 E:\Access 实验),或单击"浏览"按钮选择新的文件夹位置,然后单击"确定"按钮。

4. 在"E：\Access实验"文件夹中创建一个名为"图书管理"的空白数据库。

单击 Office 按钮，在弹出的菜单中单击"新建"命令，或单击"开始使用 Microsoft Office Access"页面中的"空白数据库"按钮。在右侧"空白数据库"区域的"文件名"文本框中输入文件名，例如输入"图书管理"，并设置数据库的存放位置，然后单击"创建"按钮。

5. 设置图书管理数据库密码。

（1）单击 Office 按钮，然后在弹出的菜单中单击"打开"命令，且以独占方式打开图书管理数据库。

（2）单击"数据库工具"选项卡，再在"数据库工具"命令组中单击"用密码进行加密"命令按钮。在弹出"设置数据库密码"对话框的"密码"文本框中输入数据库密码，在"验证"文本框中输入确认密码，完成后单击"确定"按钮。

6. 撤销图书管理数据库的密码。

（1）以独占方式打开加密的图书管理数据库。

（2）单击"数据库工具"选项卡，在"数据库工具"命令组中单击"解密数据库"命令按钮。在弹出的"撤销数据库密码"对话框中输入设置的密码，完成后单击"确定"按钮。

【实验思考】

1. Access 2007 提供了哪些常用的数据库模板？利用模板创建数据库有何好处与不足？

2. 创建或打开数据库后，Access 2007 窗口有何特点？

3. 利用 Access 2007"学生"数据库模板创建"学生"数据库，在"导航窗格"中按"对象类型"来组织数据库对象，然后分别打开"学生"数据库的"表"、"查询"、"窗体"、"报表"等数据库对象，分析各种数据库对象的特点与作用。

4. 在设置和删除数据库密码时，如果不以独占方式打开数据库，将会出现什么现象？

5. 数据库的备份与还原有何作用？如何操作？

实验 3   Access 表的创建与管理

【实验目的】

1. 掌握创建 Access 表的方法。
2. 掌握表属性的设置方法。
3. 理解表间关系的概念并掌握建立表间关系的方法。
4. 掌握表中记录的编辑方法以及各种维护与操作方法。

【实验内容】

1. 在图书管理数据库中创建图书、读者和借阅 3 个表。

（1）打开图书管理数据库，单击"创建"选项卡，在"表"命令组中单击"表设计"命令按钮，打开表的设计视图，定义表中的每个字段及表的主键，将表保存到数据库文件中。3 个表的结构如表 1-1～表 1-3 所示。

表 1-1   图书表的结构

字 段 名	数 据 类 型	字 段 大 小
图书编号	文本	5
图书名称	文本	50
作者	文本	10
定价	货币	
出版社名称	文本	20
出版日期	日期/时间	
是否借出	是/否	
图书简介	备注	

表 1-2   读者表的结构

字 段 名	类 型	大 小
读者编号	文本	6
读者姓名	文本	10
单位	文本	20
电话号码	文本	8
照片	OLE 对象	

表 1-3　借阅表的结构

字 段 名	类 型	大 小
读者编号	文本	6
图书编号	文本	5
借阅日期	日期/时间	

（2）向 3 个表中各输入记录数据，记录内容如表 1-4～表 1-6 所示。使用查阅向导对读者表中的"单位"字段进行设置，输入时从"信息院"、"机电院"、"商学院"、"数学院"4 个值中选取。图书表中的"图书简介"字段和读者表中的"照片"字段任选 1～2 个记录输入，内容自定。

表 1-4　图书表

图书编号	图 书 名 称	作者	定价	出版社名称	出版日期	是否借出	图书简介
N1001	信息安全原理与技术	蒋朝惠	39	中国铁道出版社	2009-5-1	否	
D1002	数据库系统教程（第 3 版）	施伯乐	33.2	高等教育出版社	2008-7-1	是	
N1003	MATLAB 基础与应用教程	蔡旭晖	26	人民邮电出版社	2009-8-1	否	
D1004	数据库技术与应用——SQL Server 2005	刘卫国	29.5	清华大学出版社	2010-1-1	是	
D1005	数据库系统原理	宁洪	38	北京邮电大学出版社	2005-3-1	是	
M1006	多媒体技术与应用教程	杨青	29.5	清华大学出版社	2008-9-1	是	
N1012	计算机网络技术及应用（第 2 版）	沈鑫剡	33	清华大学出版社	2010-7-1	否	

表 1-5　读者表

读者编号	读者姓名	单 位	电话号码	照 片
200001	王道功	信息院	82658123	
300002	童国岚	机电院	82659213	
400003	章诗谣	商学院	82657080	
200004	李玲泊	信息院	82658991	
100005	林咏	数学院	82657332	

表 1-6　借阅表

读 者 编 号	图 书 编 号	借 阅 日 期
200001	N1001	2009-11-30
200001	D1002	2010-2-15
300002	N1003	2010-4-11
400003	D1004	2010-3-10
200004	D1004	2010-4-15
200004	D1005	2009-12-27
200004	M1006	2010-2-28
100005	N1003	2010-1-11
100005	M1006	2010-4-10

（3）设置字段属性。将图书表中的"出版日期"格式设置为"长日期"显示格式，并且为该字段定义一个有效性规则，规定出版日期不得早于 2000 年，此规定要用有效性文本"不许

输入 2000 年以前出版的图书"加以说明,出版日期字段设置为"必填字段"。

2. 定义 3 个表之间的关系。

(1) 单击"数据库工具"选项卡,再在"显示/隐藏"命令组中单击"关系"命令按钮,打开"关系"窗口,然后在"关系"命令组中单击"显示表"命令按钮,打开"显示表"对话框。添加图书表、读者表和借阅表,再关闭"显示表"对话框,则出现"关系"窗口。

(2) 从图书表中将图书编号字段拖动到借阅表中的图书编号字段上,在"编辑关系"对话框中选中"实施参照完整性"复选框,单击"创建"按钮。同样,可建立读者表与借阅表间的关系。

3. 将图书表中的数据按定价的升序排序。

在数据表视图中打开图书表,选择定价字段,单击"开始"选项卡,再在"排序和筛选"命令组中单击"升序"命令按钮,则表中的数据按升序方式排列。

4. 使用"高级筛选"操作在图书表中筛选清华大学出版社在 2010 年出版的图书记录,且将记录按"出版日期"降序排列。

(1) 用数据表视图打开图书表,单击"开始"选项卡,在"排序和筛选"命令组中单击"高级"命令按钮,在弹出的高级筛选菜单中选择"高级筛选/排序"命令,此时出现"图书筛选 1"窗口,在该窗口中为字段设定条件。在"出版日期"列的"排序"中选择"降序"。

(2) 在"排序和筛选"命令组中单击"切换筛选"按钮应用筛选,查看筛选的记录结果。

5. 设置图书表的外观格式。

(1) 用数据表视图打开图书表。单击"开始"选项卡,在"字体"命令组中单击相应命令按钮,设置字体为"华文行楷",字体颜色为"蓝色",字号为"12",背景色为"水蓝 1",取消水平方向的网格线。

(2) 选中"出版社名称"字段列,单击"开始"选项卡,再在"记录"命令组中单击"其他"命令按钮,在弹出的下拉列表中选择"隐藏列"命令,将"出版社名称"列隐藏起来。

(3) 选中"图书名称"和"作者"字段列,单击"开始"选项卡,再在"记录"命令组中单击"其他"命令按钮,在弹出的下拉列表中选择"冻结"命令,冻结"图书名称"和"作者"列。

(4) 查看效果后,取消隐藏列和冻结列。

【实验思考】

1. 创建货物供应数据库 Goods,其中有 3 个表(表 1-7～表 1-9),请设计 3 个表并输入相关数据。

表 1-7　货物表

货　号	货　名	单　价	出厂日期	库　存　量
LX750	DVD 机	1200	2010-3-14	120
LX756	DVD 机	780	2010-5-7	90
DSJ120	电视机	3540	2010-2-24	158
YX430	音响	3100	2009-12-7	554
YX431	音响	1500	2010-4-23	67
DSJ121	电视机	12000	2010-7-15	187
WBL12	微波炉	680	2009-10-21	67
WBL31	微波炉	1200	2010-6-25	39

表 1-8　供应商表

供应商号	供应商名称	地　　址	联系电话	银行账号
KH01	Macy 公司	芙蓉中路 114 号	82764576	3501298455
KH02	华东公司	芙蓉南路 53 号	85490666	7654278543
AQ03	美和公司	五一大道 91 号	88809544	8754267633
TR04	泰达铃公司	湘府大道 88 号	85467367	2589266787

表 1-9　货物供应表

货　　号	供应商号	供货数量
LX750	KH01	20
LX750	AQ03	35
LX756	KH01	12
DSJ120	AQ03	45
YX430	TR04	6
YX431	TR04	29
DSJ121	KH02	6
WBL12	AQ03	15
WBL31	AQ03	5

2. 3 个表的主关键字、外部关键字及表间的联系类型是什么？将 3 个表按相关的字段建立联系。

3. 在货物表中添加一个新记录。

4. 在货物供应表中增加"供货日期"字段。

5. 在货物供应表中，先按"货号"字段升序排序，货号相同再按"供货数量"降序排序。

6. 使用"高级筛选"操作从货物表中筛选出单价在 1000 元以上且库存大于 100 的货物记录。

实验 4 Access 查询设计

【实验目的】

1. 理解查询的概念与功能。
2. 掌握查询条件的表示方法。
3. 掌握创建各种查询的方法。

【实验内容】

1. 利用"查找重复项查询向导"查找同一本书的借阅情况,包含图书编号、读者编号和借阅日期,查询对象保存为"同一本书的借阅情况"。

(1) 打开图书管理数据库,单击"创建"选项卡,再在"其他"命令组中单击"查询向导"命令按钮,弹出"新建查询"对话框。双击"查找重复项查询向导"选项,在弹出的对话框中选择借阅表,然后单击"下一步"按钮。

(2) 将"图书编号"字段添加到"重复值字段"列表框中,然后单击"下一步"按钮。

(3) 选择其他字段,然后单击"下一步"按钮。

(4) 按要求为查询命名,单击"完成"按钮。

2. 利用"查找不匹配项查询向导"查找从未借过书的读者的读者编号、读者姓名和单位,查询对象保存为"未借过书的读者"。

(1) 启动"查找不匹配项查询向导",选择读者表,然后单击"下一步"按钮。

(2) 选择借阅表,然后单击"下一步"按钮。

(3) 在设置匹配字段时,选择"读者编号"字段,然后单击"下一步"按钮。

(4) 选择"读者编号"、"读者姓名"和"单位"字段,然后单击"下一步"按钮。

(5) 按要求为查询命名,单击"完成"按钮。

3. 利用"交叉表查询向导"查询每个读者的借书情况和借书次数,行标题为"读者编号",列标题为"图书编号",按"借阅日期"字段计数,查询对象保存为"借阅明细表"。

(1) 启动"交叉表查询向导",并选择借阅表。

(2) 选择行标题字段和列标题字段。

(3) 确定用于计算的字段和计算函数。

(4) 按要求为查询命名。

4. 查询"信息院"读者的借阅信息,要求显示读者编号、读者姓名、图书名称和借阅日期,并按书名排序。

(1) 新建查询。打开图书管理数据库,单击"创建"选项卡,再在"其他"命令组中单击"查询设计"命令按钮,打开查询设计视图,并弹出"显示表"对话框。

(2) 添加数据源和字段。在"显示表"对话框中,双击数据表,并在列表中将字段添加到查询网格中。单击"关闭"按钮关闭"显示表"对话框。

(3) 设置查询条件。

(4) 保存并运行查询。

5. 创建一个名为"借书超过 60 天"的查询，查找读者编号、读者姓名、图书名称、借阅日期等信息。

"借书超过 60 天"的条件可以表示为：Date( )－借阅日期＞60。

6. 创建一个名为"价格总计"的查询，统计各出版社图书价格的总和，查询结果中包括出版社和价格总计两项信息，并按价格总计项降序排列。

该查询的分组字段是"出版社名称"，要实施的总计方式是 Sum，选择"定价"字段作为计算对象。

7. 创建一个名为"按图书查询"的参数查询，根据用户输入的书名查询该书的借阅情况，包括读者编号、读者姓名、图书名称、作者和借阅日期。

(1) 分析查询的数据来源和需要设置参数和条件的字段。

(2) 打开查询设计视图窗口添加数据来源表、选择字段，参数和查询条件。

(3) 按要求为查询命名。

8. 创建一个名为"查询部门借书情况"的生成表查询，将"信息院"和"商学院"两个部门的借书情况（包括读者编号、读者姓名、单位、图书编号）保存到一个新表中，新表的名称为"部门借书登记"。

(1) 打开查询设计视图，并将读者表和借阅表添加到查询设计视图的字段列表区中。

(2) 双击读者表中的"读者编号"、"读者姓名"和"单位"字段，将它们添加到设计网格第 1～第 3 列中。双击借阅表中的"图书编号"字段，将它添加到设计网格第 4 列中。在"单位"字段的"条件"行中输入"信息院 Or 商学院"。也可以利用"或"条件，在单位字段的"条件"行中输入"信息院"，同时，在单位字段的"或"行中输入"商学院"。

(3) 单击"查询工具 设计"选项卡，在"查询类型"命令组中单击"生成表"命令按钮，这时将弹出"生成表"对话框，在表名称文本框中输入生成新表的名称，选中"当前数据库"单选按钮，将新表放入当前打开的图书管理数据库中，然后单击"确认"按钮。

(4) 单击"查询工具 设计"选项卡，在"结果"命令组中单击"运行"命令按钮，将弹出对话框提示准备运行生成表查询，单击"是"按钮则完成生成表查询的运行。

(5) 按要求为查询命名并存盘。

(6) 查询运行后将生成一个新的表对象。在导航窗格找到新表，双击打开查看内容。

9. 创建一个名为"添加部门借书情况"的追加查询，将"机电院"读者的借书情况添加到"部门借书登记"表中。

与步骤 8 操作类似，不同的是：单击"查询工具 设计"选项卡，在"查询类型"命令组中单击"追加"命令按钮，这时将弹出"追加"对话框。

10. 创建一个名为"删除部门借书情况"的删除查询，将"信息院"读者的借书情况从"部门借书登记"表中删除。

与步骤 8 操作类似，不同的是：单击"查询工具 设计"选项卡，在"查询类型"命令组中单击"删除"命令按钮，这时在查询设计网格中将出现"删除"行。

【实验思考】

对实验 3 中的货物供应数据库,在设计视图中完成下列操作。

1. 利用简单查询向导,查询货物供应信息,要求显示货名、最大供货数量、最小供货数量和平均供货数量,并设置平均供货数量的小数位数为 1。

2. 使用交叉表查询向导,创建各供应商供应的各种不同货物的总供货数量。

3. 显示各个供应商的供货数量。

4. 求出货物表中所有货物的最高单价、最低单价和平均单价。

5. 查询高于平均单价的货物。

6. 查询电视机(货号以 DSJ 开头)的供应商名称和供货数量。

7. 查询各个供应商的供货信息,包括供应商号、供应商名称、联系电话以及供应的货物名称、供货数量。

8. 将货物表复制一份,复制后的表名为"货物 Copy",然后创建一个名为"更改货名"的更新查询,将"货物 Copy"表中"货名"为"电视机"的字段值改为"彩色电视机"。

实验 5   SQL 查询

【实验目的】

1. 理解 SQL 语言的概念与作用。

2. 掌握应用 SELECT 语句进行数据查询的方法以及各种子句的用法。

3. 掌握使用 SQL 语句进行数据定义和数据操纵的方法。

【实验内容】

1. 使用 SQL 语句定义 Reader 表,其结构与实验 3 中的读者表相同。

操作步骤:

（1）打开图书管理数据库,单击"创建"选项卡,在"其他"命令组中单击"查询设计"命令按钮,在弹出的"显示表"对话框中不选择任何表,进入空白的查询设计视图。

（2）在"结果"命令组中单击"SQL 视图"命令按钮,进入 SQL 视图。

（3）在"查询类型"命令组中单击"数据定义"命令按钮,在 SQL 视图中输入如下 SQL 语句。

```
CREATE TABLE Reader
( 读者编号 Char(6) Primary Key,
  读者姓名 Char(10),
  单位 Char(20),
  电话号码 Char(8),
  照片 Image
)
```

（4）将创建的数据定义查询存盘并运行该查询。

2. 在 Reader 表中插入两条记录,内容自定。

在 SQL 视图中输入并运行如下语句:

```
INSERT INTO Reader(读者编号,读者姓名,单位,电话号码)
        VALUES("231109","王大力","商学院","82656636")
INSERT INTO Reader(读者编号,读者姓名,单位,电话号码)
      VALUES("230013","黎伟敏","信息学院","82656677")
```

3. 在 Reader 表中删除编号为 231109 的读者记录。

在 SQL 视图中输入并运行如下语句:

```
DELETE FROM Reader WHERE 读者编号 = "231109"
```

4. 利用 SQL 命令,在实验 3 中的图书管理数据库中完成下列操作:

（1）查询图书表中定价在 25 元以上的图书信息,并将所有字段信息显示出来。

在 SQL 视图中输入并运行如下语句:

```
SELECT * FROM 图书 WHERE 定价>25
```

（2）查询至今没有人借阅图书的书名和出版社。

在 SQL 视图中输入并运行如下语句：

```
SELECT 图书名称,出版社名称 FROM 图书 WHERE Not 是否借出
```

（3）查询姓"李"的读者姓名和所在单位。

在 SQL 视图中输入并运行如下语句：

```
SELECT 单位,读者姓名 FROM 读者 WHERE 读者姓名 LIKE '李%'
```

（4）查询图书表中定价在 25 元以上并且是今年或去年出版的图书信息。

在 SQL 视图中输入并运行如下语句：

```
SELECT * FROM 图书 WHERE 定价>25 And Year(Date())-Year(出版日期)<=1
```

（5）求出读者表中的总人数。

在 SQL 视图中输入并运行如下语句：

```
SELECT Count(*) AS 人数 FROM 读者
```

（6）求出图书表中所有图书的最高价、最低价和平均价。

在 SQL 视图中输入并运行如下语句：

```
SELECT Max(定价) AS 最高定价, Min(定价) AS 最低定价, Avg(定价) AS 平均定价 FROM 图书
```

5. 根据图书管理数据库中的读者、图书和借书登记 3 个表，使用 SQL 语句完成以下查询。

（1）在读者表中统计出每个单位读者的人数，并按单位降序排序。

在 SQL 视图中输入并运行如下语句：

```
SELECT 单位,Count(*) AS 总人数 FROM 读者 GROUP BY 单位 ORDER BY 单位 DESC
```

（2）显示信息院读者的借书情况，要求给出读者编号、读者姓名、单位以及所借阅图书名称、借阅日期等信息。

在 SQL 视图中输入并运行如下语句：

```
SELECT b.读者编号,b.读者姓名,b.单位,a.图书名称,c.借阅日期
   FROM 图书 a,读者 b,借阅 c
   WHERE a.图书编号=c.图书编号 And b.读者编号=c.读者编号 And b.单位="信息院"
```

或

```
SELECT b.读者编号,b.读者姓名,b.单位,a.图书名称,c.借阅日期
   FROM (读者 b INNER JOIN 借阅 c ON b.读者编号=c.读者编号)
   INNER JOIN 图书 a ON a.图书编号=c.图书编号 WHERE b.单位="信息院"
```

（3）在读者表中查找与"王道功"单位相同的所有读者的姓名和电话号码。

在 SQL 视图中输入并运行如下语句：

```
SELECT 读者姓名,电话号码 FROM 读者
    WHERE 单位=(SELECT 单位 FROM 读者 WHERE 读者姓名="王道功")
```

（4）查找当前至少借阅了两本图书的读者及所在单位。

在 SQL 视图中输入并运行如下语句：

SELECT 读者姓名,单位 FROM 读者 WHERE 读者编号 In

   （SELECT 读者编号 FROM 借阅 GROUP BY 读者编号 HAVING COUNT(*)> = 2)

（5）查找与"王道功"在同一天借书的姓名、所在单位及借阅日期。

在 SQL 视图中输入并运行如下语句：

SELECT 读者姓名,单位,借阅日期 FROM 读者,借阅

   WHERE 借阅.读者编号 = 读者.读者编号 And 借阅日期 In

     （SELECT 借书日期 FROM 借阅,读者

       WHERE 借阅.读者编号 = 读者.读者编号 And 读者姓名 = "王道功")

（6）列出 100005 号读者在 200004 号读者的最近借阅日期后借阅的图书编号和借阅日期。

在 SQL 视图中输入并运行如下语句：

SELECT 图书编号,借阅日期 FROM 借阅 WHERE 读者编号 = "100005" And 借阅日期> All

   （SELECT 借阅日期 FROM 借阅 WHERE 读者编号 = "200004")

【实验思考】

对实验 3 中的货物供应数据库,利用 SQL 命令完成下列操作。

1. 显示各个供应商的供货数量。

2. 查询高于平均单价的货物。

3. 查询电视机(货号以 DSJ 开头)的供应商名称和供货数量。

4. 查询各个供应商的供货信息,包括供应商号、供应商名称、联系电话以及供应的货物名称、供货数量。

5. 查询和 YX431 号货物库存量相同的货物名称和单价。

6. 查询库存量大于不同型号"电视机"平均库存量的货物记录。

7. 查询供货数量在 20~50 之间的货物名称。

8. 列出平均供货数量大于 20 的供应商号。

实验 6　　Access 窗体的创建

【实验目的】

1. 理解窗体的视图以及窗体的组成。

2. 掌握创建 Access 2007 窗体的方法。

3. 掌握窗体样式和属性的设置方法。

【实验内容】

1. 通过窗体工具，以图书表为数据源，创建一个名为"图书"的窗体。

（1）打开图书管理数据库，在屏幕左侧的导航窗格的"表"对象中单击需要创建窗体的图书表。

（2）单击"创建"选项卡，在"窗体"命令组中单击"窗体"命令按钮，图书表的基本窗体就自动创建好了。

（3）以默认"图书"名称保存该窗体。

2. 利用分割窗体工具，以图书表为数据源，创建一个名为"图书分割窗体"的窗体。

（1）打开图书管理数据库，在屏幕左侧的导航窗格的"表"对象中单击要创建窗体的图书表。

（2）单击"创建"选项卡，在"窗体"命令组中单击"分割窗体"命令按钮，系统自动创建以图书为数据源的分割窗体。

（3）以"图书分割窗体"保存该窗体。

3. 使用窗体向导工具，以图书表为数据源，创建一个名为"图书信息"的窗体。

（1）打开图书管理数据库，在屏幕左侧的导航窗格的"表"对象中单击需要创建窗体的图书表。

（2）单击选择"创建"选项卡，在"窗体"命令组中"其他窗体"命令按钮，在弹出的菜单中选择"窗体向导"命令，会弹出"窗体向导"对话框。在该对话框中，在"表/查询"下拉列表中选择图书表，然后选定图书表可用字段列表中的所有字段，并单击"下一步"按钮。

（3）向导对话框出现窗体的布局模式。布局模式共 4 种：纵栏表、表格、数据表和两端对齐。选中"纵栏表"单选按钮，并单击"下一步"按钮。

（4）向导对话框出现设置窗体样式选项。选择"技术"样式，并单击"下一步"按钮。

（5）设定窗体名称为"图书信息"，最后单击"完成"按钮。

4. 使用空白窗体工具，以借阅表为数据源，创建一个名为"借阅详细信息"的窗体。

（1）打开图书管理数据库，在"创建"选项卡的"窗体"命令组中，单击"空白窗体"命令按钮。Access 会打开一个空白窗体，显示为布局视图，并默认会在应用程序右侧显示"字段列表"窗格。

（2）在"字段列表"窗格中,如果没有显示数据库中的数据表,单击"显示所有表"选项,单击借阅表旁边的加号(+),显示该表的所有字段。

（3）选择借阅表的"图书编号"字段,双击该字段,图书编号将呈现在窗体上。

（4）展开图书表,双击"图书名称"、"作者"、"出版社名称"、"出版日期"字段,图书相关信息将呈现在窗体上。

（5）展开"读者"表,双击"读者姓名"、"单位"、"电话号码"字段,读者信息将呈现在窗体上。

（6）选择借阅表的"借阅日期"字段,双击该字段,借阅日期将呈现在窗体上。

（7）以"借阅详细信息"保存该窗体。

5. 使用窗体向导工具,以读者表和图书表为数据源,创建包含图书子窗体的读者窗体。

（1）打开图书管理数据库,单击"创建"选项卡"窗体"命令组中的"其他窗体"命令按钮,在弹出的菜单中单击"窗体向导"命令。打开窗体向导的第一个对话框。在向导的"表/查询"下拉列表中,选择一个表或查询。要创建读者主窗体和图书子窗体;首先选择"表:读者",在此表中双击所有字段,然后选择"表:图书",在此表中双击所有字段,再单击"下一步"按钮。

（2）假设在启动该向导之前已对关系进行了正确设置,则向导会询问"请确定查看数据的方式:",也就是按哪个表查看数据。这里,要创建"读者"窗体,选择"通过读者"选项。向导左侧显示一个小窗体图,窗体下半部分中的框代表子窗体。在向导页的底部,选择"带有子窗体的窗体"选项,并单击"下一步"按钮。

（3）向导窗体会显示"请确定子窗体使用的布局:",根据要用于子窗体的布局,单击"表格"选项,然后单击"下一步"按钮。

（4）向导窗体显示"请确定所用样式:",为窗体选择一个格式样式。如果在上一步上选择了"表格",则选择的格式样式还将应用到子窗体。这里请选择"铸造"样式,然后单击"下一步"按钮。

（5）在向导的最后一个对话框中,修改子窗体名称为"图书子窗体",并选择"打开窗体查看或输入信息"选项,单击"完成"按钮,这样一个包含"图书"子窗体的"读者"窗体就创建好了。Access 将创建两个窗体:一个用作包含子窗体控件的"读者"主窗体,另一个用作子窗体本身的"图书子窗体"。

6. 在图书管理数据库中,为"图书"窗体设定"平衡"主题格式。

（1）打开图书管理数据库,打开"图书"窗体,切换到设计视图。

（2）单击"窗体设计工具 排列"选项卡中的"自动套用格式"命令按钮,打开主题格式列表。

（3）选择要使用的"平衡"格式,窗体随即就会使用该主题格式。

（4）切换到窗体视图,查看窗体的显示效果。

7. 在窗体属性表中改变"图书信息"窗体主体的背景颜色。

（1）在图书管理数据库中,打开"图书信息"窗体,切换到设计视图。

（2）打开属性表,在所有控件列表中选择"主体"选项,并在属性表中切换到"格式"选项卡。

（3）单击"背景色"属性框，在右边显示的省略号按钮上单击，会弹出"Access 主题颜色"面板，在颜色面板中选择"褐色（♯F59D56）"。

（4）切换到窗体视图，查看窗体的显示效果。

8．利用窗体编辑数据表中数据。

（1）在图书管理数据库中，打开"图书信息"窗体，切换到窗体视图。

（2）在窗体的导航按钮栏上单击新增一条记录按钮。

（3）根据窗体中控件的提示信息录入数据，图书编号为 N1013，图书名称为"计算机应用技术基础"、作者为"王金兰"，定价为 29.00，出版社名称为"机械工业出版社"，出版日期为 2008-8-1，是否借出为"否"，图书简介为"本书可以作为普通高等学校各专业的计算机公共基础教材"。

【实验思考】

对实验 3 中的货物供应数据库，利用窗体工具完成下列操作。

1．利用窗体工具，以货物表为数据源，创建"货物"窗体。

2．利用窗体向导工具，根据向导，添加货物供应表中所有字段，添加供应商表中的"供应商名称"、"地址"字段，添加货物表中的"货名"、"单价"和"出厂日期"字段，设置查看数据的方式为"通过货物供应"，布局模式为"数据表"，窗体样式为"技术"，指定窗体标题为"货物供应详细信息"。

3．打开"货物"窗体，切换到设计视图，通过"字段列表"窗格往窗体中添加货物供应表中的"供应商号"、"供货数量"字段，在窗体视图中查看添加字段后的效果。

4．为"货物"窗体设定"凸窗"主题格式。在窗体属性表中改变"货物"窗体页眉的背景颜色为"深色页眉背景"。

5．利用分割窗体工具，以货物表为数据源，创建名为"货物分割窗体"的窗体，利用该窗体对货物信息进行编辑和管理。

实验 7 Access 窗体控件的应用

【实验目的】

1. 理解控件的类型以及各种控件的作用。
2. 掌握窗体控件的添加和控件的编辑方法。
3. 掌握窗体控件的属性设置方法以及控件排列布局的方法。

【实验内容】

1. 向"图书信息"窗体添加徽标。

（1）打开图书管理数据库，打开"图书信息"窗体，切换到窗体的布局视图。

（2）在"窗体布局工具 格式"选项卡的"控件"命令组中单击"徽标"命令按钮，在弹出"插入图片"对话框中选择一个图片，单击"确定"按钮。

（3）在窗体页眉左上角插入图片，形成一个徽标，徽标会呈现在窗体标题之上。

（4）切换到窗体设计视图，适当调整窗体徽标和标题的位置，保存该窗体。

2. 向"图书信息"窗体添加文本框。

（1）打开图书管理数据库，打开"图书信息"窗体，切换到窗体的设计视图，适当调整窗体页眉、主体、页脚的大小。

（2）在"窗体设计工具 设计"选项卡的"控件"命令组中，如果"使用控件向导"已经选中，取消对它的选择，然后双击"文本框"命令按钮，"文本框"命令将处于选择状态，把指针移到窗体上，指针变为 $^{+}$abl，在窗体的页眉、主体、页脚的右下方单击，分别添加文本框。

（3）在"窗体设计工具 设计"选项卡的"控件"命令组中单击"文本框"命令按钮，取消对"文本框"的选择，在窗体中分别选择添加文本框左侧的标签，将它们删除。

（4）选择窗体页眉中的文本框，右击，在弹出的快捷菜单中选择属性，打开属性面板，设置文本框的名称为 Text_Date，设置文本框的数据源为"＝Date()"。设置该文本框的背景样式为"透明"。

（5）选择窗体主体中的文本框，在属性面板，设置文本框的名称为 Text_Book，设置文本框的数据源为"图书名称"。设置该文本框背景色为"中灰"，特殊效果为"凸起"。

（6）选择窗体页脚中的文本框，在属性面板，设置文本框的名称为 Text_Content，设置文本框的数据源为"＝IIf(Year([出版日期])＞2009,"新书","旧书")"。设置该文本框边框属性为"透明"，前景色为"红色"，字体粗细为"加粗"，对齐方式为"居中"。

（7）适当调整窗体大小，保存该窗体，切换到窗体视图，查看添加的文本框的运行效果，必要时可以在设计视图与窗体视图中反复调整。

3. 在空白窗体中创建"图书列表"组合框。

(1) 打开图书管理数据库,新建一个空白窗体,切换到设计视图,在"窗体设计工具 设计"选项卡的"控件"命令组中,确保选中"使用控件向导"命令按钮。

(2) 单击"组合框"工具,在窗体要放置列表框的位置单击并拖动鼠标,松开鼠标将启动组合框向导。选择"使用组合框查阅表或查询中的值"选项,并单击"下一步"按钮。

(3) 选择为组合框提供数据的表或查询,选择"表:图书",并单击"下一步"按钮。

(4) 确定组合框中要包含表中的哪些字段,在向导中选定字段"图书编号"、"图书名称",并单击"下一步"按钮。

(5) 组合框中的数据项可以设定排序字段,最多可以设定 4 个字段,字段可以升序,也可以降序,这里设定"图书编号"升序,并单击"下一步"按钮。

(6) 指定组合框各列的宽度,向导中会显示列表中所有数据行,可以拖动列边框调整列的宽度,选中"隐藏键列(建议)"选项,并单击"下一步"按钮。

(7) 为列表框指定标签"图书编号",单击"完成"按钮。这样在窗体中就生成一个显示所图书名的图书组合框。

4. 利用控件向导在"图书信息"窗体中添加图片按钮。

(1) 打开图书管理数据库,打开需要添加文本按钮的"图书信息"窗体,切换到设计视图。在"窗体设计工具 设计"选项卡的"控件"命令组中,确保选中"使用控件向导"命令按钮。

(2) 在"窗体设计工具 设计"选项卡的"控件"命令组中,单击"按钮"工具。在设计网格中,在窗体页眉位置单击,命令按钮向导会启动。选择"窗体操作"中的"打印窗体",并单击"下一步"按钮。

(3) 命令按钮向导显示"请确定命令按钮打印的窗体",选择"图书信息"窗体,并单击"下一步"按钮。

(4) 命令按钮向导对话框中确定按钮上显示的是文字还是显示图片。这里选择"图片",图片名称为"打印机",并单击"下一步"按钮。

(5) 在向导对话框中继续设定按钮的名字为 Command_Print,单击"完成"按钮,这样一个文本命令按钮就在窗体生成了。

(6) 保存窗体,切换到窗体视图,单击按钮,查看按钮效果。

5. 利用选项卡工具,以图书表为数据源,创建一个名为"图书选项卡窗体"的窗体,该窗体中选项卡包含两页内容,分别是"图书基本信息"和"图书详细信息"。

(1) 打开图书管理数据库,创建一个空白窗体,保存为窗体为"图书选项卡窗体",切换到设计视图。

(2) 在"窗体设计工具 设计"选项卡的"控件"命令组中,单击"选项卡控件"命令按钮,在窗体要放置该"选项卡"的位置单击,添加一个选项卡,适当调整该选项卡的大小。

(3) 切换至窗体中的"选项卡"。单击"工具"命令组中的"属性表"命令按钮,打开"属性表"窗格,单击选中"页 1"选项卡,在"属性表"窗格中选择"格式"选项卡,将"标题"属性设置为"图书基本信息";使用同样的方法,设置"页 2"选项卡的标题为"图书详细信息"。

(4) 在"窗体设计工具 设计"选项卡的"工具"命令组中,单击"添加现有字段"命令按钮。在"字段列表"窗格中展开图书表。将"图书编号"、"图书名称"、"作者"字段从"字段列表"窗格拖动到"图书基本信息"选项卡中。将图书表其余字段拖动到"图书详细信息"选项卡中。

（5）在"图书基本信息"选项卡中利用鼠标框选选中所有控件，然后在"窗体设计工具 排列"选项卡"控件布局"命令组中单击"堆积"命令按钮。同样在"图书详细信息"选项卡中利用鼠标选中所有控件，然后在"窗体设计工具 排列"选项卡"控件布局"命令组中单击"堆积"命令按钮。

（6）保存窗体，切换到窗体视图，查看窗体运行效果。

6. 利用 ActiveX 控件，在窗体中显示 Flash 动画。

（1）打开图书管理数据库，创建一个空白窗体，保存为窗体为"ActiveX 控件窗体"，切换到设计视图。

（2）在"安全选项"中取消 Access 禁用对数据库可能有害的内容选项，信任该数据库内容。在"窗体设计工具 设计"选项卡上的"控件"命令组中单击"ActiveX 控件"按钮，在弹出的"插入 ActiveX 控件"对话框中选择 Shockwave Flash Object 控件。

（3）单击选中窗体中自动生成的 ActiveX 控件。在"属性表"窗格中，设置"其他"选项卡的 Movie 属性中输入 Flash 动画所在磁盘路径，如 C:\Flash\top. swf。

（4）保存窗体，切换到窗体视图，查看窗体运行效果。

【实验思考】

对实验 3 中的货物供应数据库，利用窗体控件工具完成下列操作。

1. 打开"货物供应详细信息"窗体，在窗体中插入徽标、页码与日期时间。

2. 打开"货物供应详细信息"窗体，在设计视图修改窗体的标题文本的颜色为"红色"，字体为"隶书"。

3. 创建一个空白窗体，利用"字段列表"窗格往空白窗格中添加绑定文本框。

4. 创建一个空白窗体，利用图像控件，在窗体上添加多个图形和图像，并对图形图像进行排列组合。

5. 创建一个空白窗体，利用 Active 控件，在窗体上添加声音和视频。

实验 8　　Access 报表设计

【实验目的】

1. 理解报表的视图、类型和组成。
2. 掌握 Access 2007 报表的创建方法。
3. 掌握报表控件的添加和控件的编辑方法。
4. 掌握报表控件的属性设置方法以及控件排列布局的方法。
5. 掌握报表样式和属性的设置方法。

【实验内容】

1. 使用报表工具，以借阅表为数据源，创建一个名为"借阅"报表。

（1）打开图书管理数据库，在屏幕左侧的导航窗格的"表"对象中单击要作为报表数据基础的借阅表。

（2）在"创建"选项卡的"报表"命令组中单击"报表"命令按钮。借阅表的基本报表就创建好了，报表默认为布局视图。

（3）以默认"借阅"名字保存该报表。

2. 使用报表向导工具，以读者表和图书表为数据源，创建包含图书信息的读者报表。

（1）打开图书管理数据库，单击"创建"选项卡，在"报表"命令组中单击"报表向导"命令按钮。

（2）打开报表向导的第一个对话框。在向导的"表/查询"下拉列表中，选择一个表或查询。要创建读者主报表和图书子窗体，首先选择"表：读者"，在此表中双击"读者编号"、"读者姓名"字段，然后选择"表：图书"，在此表中双击"图书名称"、"作者"、"出版社名称"字段，并单击"下一步"按钮。

（3）选择"通过读者"选项，向导左侧显示一个小窗体视图，显示数据源字段的布局，并单击"下一步"按钮。

（4）向导窗体会显示"是否添加分组级别："，不添加分组级别，并单击"下一步"按钮。

（5）向导窗体显示"请确定明细信息使用的排序次序："，指定"图书名称"升序排列，并单击"下一步"按钮。

（6）报表向导显示"请确定报表的布局方式："，可以选择"递阶"、"块"和"大纲"3 种方式布局报表。切换不同的选项，在对话框的左侧会显示布局的效果图。这里选择"块"方式。方向选择"纵向"，并单击"下一步"按钮。

（7）报表向导显示"请确定所用样式："，选择样式将决定生成报表的显示效果。选择"办公室"，并单击"下一步"按钮。

（8）报表向导显示"请为报表指定标题："，输入标题"读者"，选择"预览报表"选项。

（9）单击"完成"按钮。报表向导完成报表的创建，并自动切换到报表的"打印预览"视图。

3. 使用"字段列表"窗格在"借阅"报表添加文本控件。

（1）打开图书管理数据库，打开"借阅"报表，切换到设计视图。

（2）在"报表设计工具 设计"选项卡的"工具"命令组中单击"添加现有字段"命令选项，显示"字段列表"窗格，如果"字段列表"窗格已经打开，那么"添加现有字段"命令选项处于选择状态。

（3）在"相关表中的可用字段"区域中单击展开读者表，选择"读者姓名"字段并按住左键，拖曳到窗体中"读者编号"字段控件的右侧，松开左键，"读者姓名"将呈现在报表设计视图上。

（4）展开图书表，选择"图书名称"字段并按住左键，拖动到窗体中"图书编号"字段控件的右侧，松开左键，"图书名称"将呈现在报表设计视图上。

（5）保存报表，切换到报表视图，查看报表效果。

4. 在"借阅"报表中添加图书分组汇总。

（1）打开图书管理数据库，打开"借阅"报表，切换到布局视图。

（2）在"报表布局工具 格式"选项卡的"分组和汇总"命令组中单击"分组和排序"命令按钮，在报表视图的下方显示"分组、排序和汇总"窗格。

（3）选择"添加组"选项，"分组、排序和汇总"窗格中将添加一个新行，并显示可用字段的列表，在字段列表中单击"图书编号"字段，报表显示内容立即更改为显示分组效果。

（4）更改分组选项。选择"分组、排序和汇总"窗格中的"图书编号"分组，单击"更多"选项，将显示分组的所有选项。在所有选项中，可以设置分组的各种形式，包括分组的字段、排序方式、汇总字段等。

（5）单击汇总旁边的黑色三角形，会弹出"汇总"对话框，添加"读者编号"汇总。先单击"汇总方式"下三角按钮，然后选择"读者编号"字段。单击"类型"下拉箭头，然后选择"记录计数"选项。选中"显示总计"和"显示在组页脚中"复选框。

（6）切换到设计视图。在"图书编号页脚"修改自动生成的汇总字段的属性，选择名为"AccessTotals 读者编号 1"的文本框，该文本框显示图书的记录总数，该文本框的控件来源为"=Count（＊）"，修改该文本框的控件来源为"="汇总："& ［图书编号］& "（共" & Count（［读者编号］）& "条记录" & "）""，这样这个文本框将显示详细的图书编号以及记录数，而不是自动生成的简单数字。

（7）保存报表，切换到报表视图，查看报表效果。

5. 设定"借阅"报表的主题格式。

（1）打开图书管理数据库，打开需要使用主题格式的"借阅"报表，切换到设计视图。

（2）单击"报表设计工具 排列"选项卡的"自动套用格式"命令按钮，打开主题格式列表。

（3）选择要使用的格式，如 Office 格式，报表随即就会使用该主题格式。

6. 使用"设置条件格式"对话框为报表设置条件格式。

（1）打开图书管理数据库，打开"借阅"报表，切换到布局视图。

（2）选择要更改的"读者编号"字段控件，然后在"报表布局视图 格式"选项卡的"字体"

命令组中，单击"条件"命令按钮，弹出"设置条件格式"对话框。

（3）在条件1的第一个字段选择"字段值"，第二个字段选择"等于"，在第三个字段输入100005。然后在字段的下面设置文本框的格式，这里设置字体颜色为红色，单击"确定"按钮。

（4）保存报表，切换到报表视图，查看报表效果。

【实验思考】

对实验3中的货物供应数据库，利用报表工具完成下列操作。

1．利用报表工具，以货物表为数据源，创建"货物"报表。

2．利用报表向导工具，根据向导，添加货物供应表中所有字段，添加供应商表中的"供应商名称"、"地址"字段，添加货物表中的"货名"、"单价"和"出厂日期"字段，设置查看数据的方式为"通过货物供应"，添加分组级别为"货号"，排序方式设置为"货号"升序，布局方式的布局为"递阶"，方向为"纵向"，报表样式为"跋涉"，设置报表标题为"货物供应详细信息"。

3．打开"货物"报表，切换到设计视图，通过"字段列表"窗格往窗体中添加"货物供应"中的"供应商号"、"供货数量"字段，在报表视图中查看添加字段后的效果。

4．为"货物"报表设定"凸窗"主题格式。在报表属性表中改变"货物"报表页眉的背景颜色为"深色页眉背景"。

5．为"货物"报表添加"货名"分组，添加"货号"的记录汇总。

6．利用筛选工具在"货物供应详细信息"报表中筛选出"电视机"的所有记录。

实验 9　Access 宏设计

【实验目的】

1. 理解宏的分类、构成及作用。

2. 掌握 Access 宏的创建方法。

3. 能够使用宏为窗体、报表或控件添加功能。

【实验内容】

1. 在图书管理数据库中，创建单个宏，自动弹出"图书"窗体。

（1）打开图书管理数据库，在"创建"选项卡的"其他"命令组中单击"宏"命令按钮。

（2）在宏生成器中，单击"操作"列中的第一个空单元格。单击箭头显示可用操作的列表，然后选择 OpenForm 操作。

（3）在 OpenForm 的操作参数中，窗体名称选择"图书"，窗口模式选择"对话框"。

（4）单击"保存"按钮保存该宏，将宏命名为"弹出图书窗体宏"。保存后可以在宏生成器中直接运行该宏，运行该宏会弹出以对话框的模式弹出图书窗体。

2. 在图书管理数据库中，创建并应用宏组。

（1）打开图书管理数据库，在"创建"选项卡的"其他"命令组中单击"宏"命令按钮。

（2）在"宏工具 设计"选项卡的"显示/隐藏"命令组中，如果"宏名"没有被选择，单击该选项，显示"宏名"列。

（3）在"宏名"列，为宏组中的第一个宏输入名称"显示读者窗体"，"操作"列选择 OpenForm 操作，操作参数的窗体名称选择"读者"。

（4）移动到下一个空行，然后在"宏名"列中输入下一个宏的名称"关闭读者窗体"。"操作"列选择 Close 操作，操作参数中的对象类型选择"窗体"，对象名称选择"读者"。

（5）单击"保存"按钮，将宏组命名为"控制读者窗体宏"。

（6）创建一个空白窗体，在设计视图添加两个命令按钮，添加命令按钮时，关闭"使用控件向导"选项，按钮标题分别命名为"打开读者窗体"和"关闭读者窗体"。

（7）选中"打开读者窗体"按钮，右击，在弹出的快捷菜单中选择"属性"，显示按钮的属性对话框，在事件选项卡中设置按钮单击事件对应的宏"控制读者窗体宏.显示读者窗体"。

（8）以同样的方法设置"关闭读者窗体"按钮单击事件对应的宏"控制读者窗体宏.关闭读者窗体"。

（9）切换到窗体视图，单击"打开读者窗体"按钮就会打开读者窗体。单击"关闭读者窗体"按钮，就会关闭读者窗体。如果"读者"窗体没有打开，单击"关闭读者窗体"按钮，不会出现响应事件。

3. 利用宏操作条件判断"图书名称"字段输入是否正确。

（1）打开图书管理数据库，在设计视图打开"图书信息"窗体，显示属性表，在对象列表中选择"图书名称"，单击"事件"选项卡。单击"失去焦点"事件属性，然后单击框旁边的省略号按钮，在"选择生成器"对话框中，选择"宏生成器"选项，然后单击"确定"按钮。

（2）在宏生成器中，如果"宏工具 设计"选项卡"显示/隐藏"命令组中的"条件"按钮没有选中，则选中该选项。在"操作"列的第一行中单击，在"操作"下拉列表中，单击 MsgBox 操作。在"操作参数"窗格中，消息填"图书名称不能为空！"，类型选择"警告！"，标题填"错误提示"。在条件列中设置表达式为"IsNull（[图书名称]）"。条件表达式可以直接输入，也可以直接单击"工具"命令组中的"生成器"命令按钮，在弹出的表达式生成器中生成表达式。这一步操作的作用是，当"姓名"字段失去焦点时，判断该字段输入是否为空，如果为空，则提示用户。

（3）在"操作"列的第二行中单击，在"操作"下拉列表中单击 MsgBox 操作。在"操作参数"窗格中，消息填"图书长度不能大于 50 位！"，类型选择"警告！"，标题填"错误提示"。在条件列中设置表达式为"Len（[姓名]）＞50"。这一步操作的作用是，当"图书"字段失去焦点时，判断该字段输入的长度是否大于 50 位。

（4）单击"保存"按钮，将"图书信息"窗体切换到窗体视图，在图书窗体上修改"图书名称"字段，如果字段为空或者字段过长，当焦点转移到别的控件上就会弹出警告，提示错误信息。

4. 利用 AutoExec 宏自动启动"登录对话框"窗体。

（1）打开图书管理数据库，创建一个空白窗体，设置窗体的"弹出方式"属性为"是"，保存为"登录对话框"。

（2）单击"创建"选项卡"其他"命令组中的"宏"命令按钮。

（3）在"操作"下拉列表中单击 OpenForm 操作，在"操作参数"窗格中，窗体名称选择"登录对话框"，窗口模式选择"普通"。

（4）在第二行添加操作，在"操作"下拉列表中单击 MoveSize 操作。参数设置右为5cm，下为5cm，宽度为15cm，高度为10cm。

（5）单击"保存"按钮，宏命名为 AutoExec，然后单击"关闭"按钮。

（6）关闭数据库，重新打开数据库，会自动以对话框的形式打开"登录对话框"窗体。并自动调整窗体的大小和位置。

5. 利用宏在"图书"窗体中，根据文本框控件中的图书编号查找相应记录。

（1）打开图书管理数据库，在设计视图打开"图书"窗体。

（2）取消"使用控件向导"，在图书窗体页眉添加一个文本框，文本框为未绑定控件，修改文本框的名称为 Text_BookName。修改自动生成的关联标签名标题为"图书编号："，字体设置为"黑体"，字体颜色为"白色"。

（3）在文本框右侧添加一个按钮，修改按钮文本为"查找图书"。选择按钮，打开该按钮的属性表，单击"事件"选项卡。单击"单击"事件属性，然后单击框旁边的省略号按钮，在"选择生成器"对话框中单击"宏生成器"选项，然后单击"确定"按钮。

（4）在"操作"下拉列表中单击 StopMacro 操作。显示操作的条件列，在条件列上输入"IsNull（[Forms].[图书].[Text_BookName]）"，这步操作的作用是当输入的图书编号为空时,停止该宏往下运行。

（5）在下一行添加操作,在"操作"下拉列表中单击 SetTempVar 操作。在"操作参数"窗格中,名称输入 SearchBookName,表达式为"[Forms].[图书].[Text_BookName]"。条件列设为空。

（6）在下一行添加操作,在"操作"下拉列表中单击 SearchForRecord 操作。在"操作参数"窗格中,记录选择"首记录",Where 条件输入"＝"[图书编号]＝'" & [TempVars]![SearchBookName] & "'""。

（7）在下一行添加操作,在"操作"下拉列表中单击 RemoveTempVar 操作。在"操作参数"窗格中,名称为 SearchBookName,条件列设为空。这步操作的作用删除临时变量。

（8）单击"保存"按钮,然后单击"关闭"按钮,关闭宏编辑器。

（9）切换图书窗体到窗体视图,在图书编号关联的文本框输入一个图书编号,单击"查找图书"按钮,查看宏运行效果。

6. 利用菜单宏为"读者"窗体上创建一个自定义快捷菜单。

（1）打开图书管理数据库,单击"创建"选项卡"其他"命令组中的"宏"命令按钮。

（2）在"宏工具 设计"选项卡的"显示/隐藏"命令组中单击"宏名"命令按钮以显示"宏名"列,单击"显示所有操作"命令按钮,显示所有操作。

（3）在"宏名"列中,输入要在快捷菜单上显示的文本"保存(&S)"。操作列选择 Save,操作参数为空。此操作作用是保存窗体内容。

（4）在"宏名"列中,输入要在快捷菜单上显示的文本"打印(&P)"。操作列选择 PrintOut,操作参数为空。此操作作用是打印窗体内容。

（5）在"宏名"列中,输入减号"－"。此操作作用在两个菜单命令之间创建一条直线。

（6）在"宏名"列中,输入要在快捷菜单上显示的文本"关闭(&C)"。操作列选择 Beep 项,此操作作用是使计算机发出嘟嘟声操作。最后添加操作 Quit。

（7）保存并命名该宏为"控制窗体的宏组"。

（8）单击"创建"选项卡"其他"命令组中的"宏"命令按钮。在该宏的第一行上,选择"操作"列表中的 AddMenu 项,在"操作参数"下的"菜单名称"框中输入菜单的名称"控制窗体命令",菜单宏名称"控制窗体的宏组"。

（9）保存菜单宏为"窗体控制菜单"。在导航窗格中,右击"读者"窗体,然后选择"设计视图"命令。

（10）在"窗体设计工具 设计"选项卡的"工具"命令组中单击"属性表"命令按钮。

（11）通过从"属性表"窗格顶部的列表中选择"窗体"。在"属性表"的"其他"选项卡"快捷菜单栏"属性框中,输入前面创建的菜单宏"窗体控制菜单"。

（12）切换到"读者"的窗体视图。在窗体视图上右击,可以看到自定义的快捷菜单。

【实验思考】

对实验 3 中的货物供应数据库,利用宏工具完成下列操作。

1. 利用宏工具,创建单个宏,运行自动弹出货物表。

2. 利用宏工具,创建宏组,包含两个宏,一个运行自动弹出供应商表,一个运行关闭供应商表。

3. 利用宏在货物窗体中实现查找相关"货物"记录的功能。

4. 在货物窗体的窗体视图中,利用宏操作条件判断录入"货名"字段时数据录入输入是否正确。

5. 利用菜单宏为"货物"窗体上创建一个自定义菜单栏,菜单栏中菜单可直接关闭、保存和打印窗体。

VBA 程序设计基础

【实验目的】

1. 熟悉 VBE 编辑器的使用。

2. 掌握 VBA 的基本语法规则以及各种数据类型、常量、变量、数组、表达式和函数的使用。

3. 掌握程序的流程控制,重点为选择控制结构和循环控制结构。

4. 熟悉过程和模块的概念以及创建和使用方法。

5. 熟悉 VBE 程序的调试方法。

【实验内容】

1. 启动 VBE 编辑器。

VBE 编辑器是依托于某个具体的 Access 数据库,其启动过程如下:

(1) 在 Windows 桌面,依次选择"开始"→"所有程序"→Microsoft Office→Microsoft Office Access 2007 命令。

(2) 在打开的 Access 2007 中创建一个空白数据库,命名为 test. accdb。

(3) 单击"数据库工具"选项卡,在"宏"命令组中单击 Visual Basic 命令按钮,打开 VBE 窗口。

2. 输出 2~100 之间的素数。

通过一个循环语句找到 2~100 之间的素数,并显示输出结果,步骤如下:

(1) 在 VBE 编辑器中,依次单击"插入"→"模块"命令,创建一个新的标准模块。

(2) 定义全局变量。定义一个 Boolean 数组,存储 2~100 之间每个数字。

```
Dim a(2 To 100) As Boolean
```

(3) 定义一个子过程,实现素数的查找与输出。

```
Sub test2()
  Dim n As Integer, m As Integer
  '初始化数组为 True
  For n = 2 To 100
    a(n) = True
  Next n
  '判断是否为素数
  For n = 2 To 100
    For m = 2 To n - 1
      If n Mod m = 0 Then a(n) = False
    Next m
```

```
        If a(n) Then Debug.Print n
    Next n
End Sub
```

(4) 在 VBE 编辑器中,单击工具栏上的"运行"按钮,选择执行 test2 子过程,运行结果显示在"立即窗口"中。

3. 求任意三角形的面积。

新建一个窗体,要求有 3 个文本框控件,一个命令按钮控件。在文本框中输入三角形的边长,单击命令按钮后,通过消息提示框显示三角形的面积。

(1) 新建"窗体 1",在窗体中添加 3 个文本框控件,设置文本框的"格式"属性为"常规数字",设置 3 个文本框的"名称"属性分别为 txta、txtb 和 txtc。

(2) 在窗体中添加一个命令按钮控件,设置命令按钮的"标题"为"计算",名称为 CmdCalculate,"单击"属性设置为"事件过程"。窗体 1 的设计视图如图 1-1 所示。

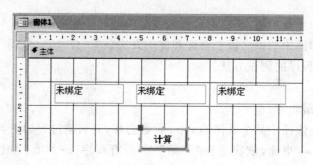

图 1-1　窗体 1 的设计视图

(3) 打开 VBE 编辑器,在"计算"命令按钮的单击事件过程中输入如下代码:

```
Private Sub CmdCalculate_Click()
    Dim a As Single, b As Single, c As Single, p As Single
    '判断文本框中是否输入数据
    If IsNull(txta) = False And IsNull(txtb) = False And IsNull(txtc) = False Then
        a = txta.Value
        b = txtb.Value
        c = txtc.Value
        '判断三边是否能组成三角形
        If (a + b > c) And (a + c > b) And (b + c > a) Then
        p = (a + b + c) / 2
        p = Sqr(p * (p - a) * (p - b) * (p - c))
        Dim s As String
        s = Str(p)
        MsgBox "三角形的面积是: " + s, vbInformation, "结果"
        Else
        MsgBox "三边不能组成三角形", vbCritical, "错误"
        End If
    Else
        MsgBox "请输入三边值", vbInformation, "信息"
    End If
End Sub
```

（4）设置"窗体 1"的"弹出方式"属性为"是"，"记录选择器"和"导航按钮"属性均为"否"。运行"窗体 1"，如图 1-2 所示。

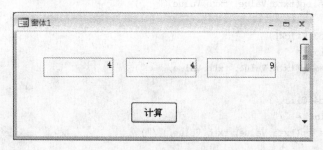

图 1-2　窗体 1 的运行模式

（5）输入三角形三边长度，如 3、4、5，单击"计算"按钮，查看结果。

（6）输入三角形三边长度，如 4、4、9，单击"计算"按钮，查看结果。

（7）当其中一个文本框内无数据时，单击"计算"按钮，查看结果。

4. 编制随机整数函数，产生 30 个 1～100 之间的随机数（用函数实现）。

（1）在模块中输入如下子过程和函数。

```
Sub test3()
  Dim i As Integer
  Dim b As Integer
  '输出 30 个 1～100 之间的随机数
  For i = 1 To 30
    b = funca()                    '调用函数
    Debug.Print b                  '在立即窗口输出数据
  Next i
End Sub
Function funca() As Integer
    Dim a As Integer
    '产生 1～100 之间的随机数
    a = Int(Rnd(1) * 100) + 1
    funca = a
End Function
```

（2）运行 test3 子过程，查看立即窗口的输出信息。

5. 编写一个简单的计算器程序。输入两个数，并由用户选择加减乘除运算，如图 1-3 所示。

步骤如下：

（1）创建"窗体 2"。

（2）输入如下窗体的事件代码。

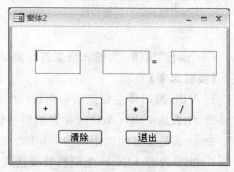

图 1-3　计算器窗体

```
Private Sub cmd1_Click()
  Labela.Caption = " + "
  txtc.Value = op(txta.Value, txtb.Value, " + ")
End Sub
```

```
Private Sub cmd2_Click()
  Labela.Caption = " - "
  txtc.Value = op(txta.Value, txtb.Value, " - ")
End Sub
Private Sub cmd3_Click()
  Labela.Caption = " * "
  txtc.Value = op(txta.Value, txtb.Value, " * ")
End Sub
Private Sub cmd4_Click()
  Labela.Caption = "/"
  txtc.Value = op(txta.Value, txtb.Value, "/")
End Sub
Function op(a As Single, b As Single, d As String) As Single
  Dim s As Single
  s = 0
  If d = " + " Then
    s = a + b
  End If
  If d = " - " Then
    s = a - b
  End If
  If d = " * " Then
    s = a * b
  End If
  If d = "/" Then
    s = a / b
  End If
  op = s
End Function
Private Sub cmdclear_Click()
  txta.Value = ""
  txtb.Value = ""
  txtc.Value = ""
  Labela.Caption = ""
End Sub
Private Sub cmdexit_Click()
  DoCmd.Close    '关闭窗体
End Sub
```

(3) 运行"窗体 2",输入数据进行测试。

【实验思考】

1. VBE 编辑器主要包括哪些窗口？各窗口的作用是什么？

2. 什么是模块？Access 中包括哪些模块？如何创建和查看？

3. 什么是变量的作用域和生存期？试举例说明。

4. 实验内容 4 中，产生随机数表达式 $Int(Rnd(1) * 100) + 1$ 的取值范围是多少？

5. 实验内容 5 简单计算器中，当在文本框中没有输入数据，或在做除法运算时除数文本框输入零时，运行时会出现什么情况？怎么修改程序？

实验 11 ｜ VBA 对象和数据库访问技术

【实验目的】

1. 熟悉 VBA 对象的概念。

2. 了解 Access 对象模型，以及一些常用 Access 对象的使用方法。

3. 了解 ADO 对象模型，以及 ADO 对象访问 Access 数据库的编程方法。

【实验内容】

1. 创建一个简单的个人信息管理类模块，创建该类的实例，操作对象的属性和方法。

个人信息类包括的属性有姓名、性别和年龄，方法有 Speak 返回一句问候语。实验过程如下：

（1）启动 Access 2007，创建一个空白数据库，命名为 test1. accdb。

（2）单击"数据库工具"选项卡，再在"宏"命令组中单击 Visual Basic 命令按钮，打开 VBE 窗口。

（3）在 VBE 编辑器中，依次选择"插入"→"类模块"命令，创建一个新的类模块，类命名为 person。

（4）在 person 类模块中输入如下代码，用于创建类的属性和方法。

```
'声明类内私有变量
Private myName As String
Private mySex As String
Private myAge As Integer
'返回属性值
Public Property Get Name() As String
  Name = myName
End Property
Public Property Get Sex() As String
  Sex = mySex
End Property
Public Property Get Age() As String
  Age = myAge
End Property
'设置属性值
Public Property Let Name(ByVal strvalue As String)
  myName = strvalue
End Property
Public Property Let Sex(ByVal strvalue As String)
  mySex = strvalue
End Property
```

```
Public Property Let Age(ByVal agevalue As String)
    myAge = Val(agevalue)
End Property
'对象初始化处理
Private Sub Class_Initialize()
    myName = "姓名"
    mySex = "男"
    myAge = 10
End Sub
'对象退出时处理
Private Sub Class_Terminate()
    myName = ""
    mySex = ""
    myAge = 0
End Sub
'类方法
Public Function Speak()
    Speak = myName & ":您好"
End Function
```

(5) 在 VBE 编辑器中,依次选择"插入"→"模块"命令,创建一个新的标准模块,命名为 test。

(6) 在标准模块 test 中输入如下代码,实现对 person 类的调用。

```
Sub test4()
    '声明类对象
    Dim person1 As person
    Dim person2 As person
    '实例化类对象
    Set person1 = New person
    Set person2 = New person
    '设置 person1 对象属性
    person1.Name = "张三"
    person1.Sex = "男"
    person1.Age = 20
    '调用对象方法
    MsgBox person1.Speak()
    '设置 person2 对象属性
    person2.Name = "张丽"
    person2.Sex = "女"
    person2.Age = 18
    '调用对象方法和取对象属性
    Debug.Print person2.Speak()
    Debug.Print person2.Name
    Debug.Print person2.Sex
    Debug.Print person2.Age
    '取消对象
    Set person1 = Nothing
    Set person2 = Nothing
End Sub
```

(7) 在 VBE 编辑器中单击工具栏上的"运行"按钮,选择执行 test4 子过程,在"立即窗口"中观察运行结果。

2. 新建窗体,观察窗体及窗体上控件的事件发生顺序。

(1) 打开 Access 2007,新建一窗体,命名为"事件窗体",窗体设计视图如图 1-4 所示。窗体中放置一个文本框(Text0)和一个命令按钮(Command2)。

(2)"事件窗体"中的事件过程代码如下。

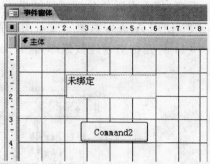

图 1-4　事件窗体设计视图

```
Private Sub Form_Activate()
    Debug.Print "正在执行窗体激活事件 Activate"
End Sub
Private Sub Form_Close()
    Debug.Print "正在执行窗体关闭事件 Close"
End Sub
Private Sub Form_Current()
    Debug.Print "正在执行窗体事件 Current"
End Sub
Private Sub Form_Deactivate()
    Debug.Print "正在执行窗体停用事件 Deactivate"
End Sub
Private Sub Form_Load()
    Debug.Print "正在执行窗体装载事件 Load"
End Sub
Private Sub Form_Open(Cancel As Integer)
    Debug.Print "正在执行窗体打开事件 Open"
End Sub
Private Sub Form_Resize()
    Debug.Print "正在执行改变窗体大小事件 Resize"
End Sub
Private Sub Form_Unload(Cancel As Integer)
    Debug.Print "正在执行卸载窗体事件 Unload"
End Sub
Private Sub Text0_Enter()
    Debug.Print "焦点开始进入 Text0"
End Sub
Private Sub Text0_Exit(Cancel As Integer)
    Debug.Print "焦点从 Text0 开始离开"
End Sub
Private Sub Text0_GotFocus()
    Debug.Print "Text0 已获得焦点"
End Sub
Private Sub Text0_LostFocus()
    Debug.Print "Text0 已失去焦点"
End Sub
```

（3）运行"事件窗体"，依次单击文本框、命令按钮，然后关闭窗体。在 VBE 编辑器的"立即窗口"中查看并分析运行结果。

3. 使用 Access 对象完成对图书管理数据库读者表的基本操作。

（1）打开图书管理数据库，设计出"读者管理"窗体，其设计视图如图 1-5 所示。

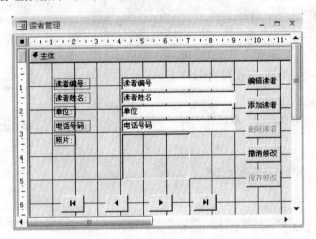

图 1-5　读者管理设计视图

其中文本框与读者表字段绑定。要实现的功能包括记录导航、添加记录、修改记录、删除记录和撤销修改。

（2）为控件添加事件代码如下。

```
Option Compare Database
Dim flag As Integer
Private Sub Form_Load()
'设置窗体加载时的属性
    cmdedit.Enabled = True
    cmdadd.Enabled = True
    cmddel.Enabled = False
    cmdsave.Enabled = False
    cmdcancle.Enabled = False
    cmdfirst.Enabled = True
    cmdbefore.Enabled = True
    cmdnext.Enabled = True
    cmdlast.Enabled = True
    Form.AllowEdits = True
    读者编号.Locked = True
    读者姓名.Locked = True
    单位.Locked = True
    电话号码.Locked = True
    照片.Locked = True
    Form.AllowDeletions = False
    Form.AllowAdditions = False
    Form.RecordLocks = 0
End Sub
Private Sub cmdedit_Click()
```

```
        '设置窗体可删除
            Form.AllowDeletions = True
        '设置文本框可更改
            读者编号.Locked = False
            读者姓名.Locked = False
            单位.Locked = False
            电话号码.Locked = False
            照片.Locked = False
        '设置记录导航按钮不可用
            cmdfirst.Enabled = False
            cmdbefore.Enabled = False
            cmdnext.Enabled = False
            cmdlast.Enabled = False
        '设置某些按钮的可用性
            cmdadd.Enabled = False
            cmddel.Enabled = True
            cmdsave.Enabled = True
            cmdcancle.Enabled = True
            cmdsave.SetFocus
            cmdedit.Enabled = False
            flag = 2 '为修改记录
End Sub
Private Sub cmdadd_Click()
'添加记录操作
On Error GoTo Err_cmdadd_Click
'设置窗体可增加记录
        读者编号.Locked = False
        读者姓名.Locked = False
        单位.Locked = False
        电话号码.Locked = False
        照片.Locked = False
        Form.AllowAdditions = True
'设置记录导航按钮不可用
        cmdfirst.Enabled = False
        cmdbefore.Enabled = False
        cmdnext.Enabled = False
        cmdlast.Enabled = False
'设置某些按钮的可用性
        cmdedit.Enabled = False
        cmdcancle.Enabled = True
        cmdsave.Enabled = True
        cmddel.Enabled = False
        读者编号.SetFocus
        cmdadd.Enabled = False
        DoCmd.GoToRecord , , acNewRec
        flag = 1 '为添加记录
Exit_cmdadd_Click:
        Exit Sub
Err_cmdadd_Click:
        MsgBox Err.Description
        Resume Exit_cmdadd_Click
```

```
End Sub
Private Sub cmddel_Click()
'删除用户操作
On Error GoTo Err_cmddel_Click
    DoCmd.DoMenuItem acFormBar, acEditMenu, 8, , acMenuVer70
    DoCmd.DoMenuItem acFormBar, acEditMenu, 6, , acMenuVer70
'设置记录导航按钮可用
    cmdfirst.Enabled = True
    cmdbefore.Enabled = True
    cmdnext.Enabled = True
    cmdlast.Enabled = True
'设置按钮的可用性和窗体的属性
    Form.AllowEdits = True
    Form.AllowDeletions = False
    Form.AllowAdditions = False
    Form.RecordLocks = 0
    读者编号.Locked = True
    读者姓名.Locked = True
    单位.Locked = True
    电话号码.Locked = True
    照片.Locked = True
    cmdedit.Enabled = True
    cmdadd.Enabled = True
    cmdsave.Enabled = False
    cmdcancle.Enabled = False
    cmdedit.SetFocus
    cmddel.Enabled = False
Exit_cmddel_Click:
    Exit Sub
Err_cmddel_Click:
    MsgBox Err.Description
    Resume Exit_cmddel_Click
End Sub
Private Sub cmdcancle_Click()
'撤销删除操作
On Error GoTo Err_cmdcancle_Click
    '设置记录导航按钮可用
        cmdfirst.Enabled = True
        cmdbefore.Enabled = True
        cmdnext.Enabled = True
        cmdlast.Enabled = True
    '设置某些按钮的可用性
        cmddel.Enabled = False
        cmdedit.Enabled = True
        cmdadd.Enabled = True
        cmdsave.Enabled = False
        cmdedit.SetFocus
        cmdcancle.Enabled = False
    '取消添加
    If flag = 1 Then
        Form.AllowDeletions = True
```

```
        DoCmd.DoMenuItem acFormBar, acEditMenu, 8, , acMenuVer70
        DoCmd.DoMenuItem acFormBar, acEditMenu, 6, , acMenuVer70
        Form.AllowDeletions = False
        '设置撤销后转到前一个记录
        DoCmd.GoToRecord , , acPrevious
    Else '取消修改
        DoCmd.DoMenuItem acFormBar, acEditMenu, acUndo, , acMenuVer70
    End If
    '窗体不可添加记录
        读者编号.Locked = True
        读者姓名.Locked = True
        单位.Locked = True
        电话号码.Locked = True
        照片.Locked = True
        Form.AllowAdditions = False
Exit_cmdcancle_Click:
    Exit Sub
Err_cmdcancle_Click:
    cmdcancle.Enabled = False
    Resume Exit_cmdcancle_Click
End Sub
Private Sub cmdsave_Click()
'保存操作
On Error GoTo Err_cmdsave_Click
'设置记录导航按钮可用
    cmdfirst.Enabled = True
    cmdbefore.Enabled = True
    cmdnext.Enabled = True
    cmdlast.Enabled = True
    If 读者编号.Value = "" Then
        MsgBox "请输入读者编号!"
        Exit Sub
    End If
    If 读者姓名.Value = "" Then
        MsgBox "请输入读者姓名!"
        Exit Sub
    End If
    If 单位.Value = "" Then
        MsgBox "请输入单位!"
        Exit Sub
    End If
    If 电话号码.Value = "" Then
        MsgBox "请输入电话号码!"
        Exit Sub
    End If
DoCmd.DoMenuItem acFormBar, acRecordsMenu, acSaveRecord, , acMenuVer70
    '设置按钮的可用性和窗体的属性
    Form.AllowEdits = True
    Form.AllowDeletions = False
    Form.AllowAdditions = False
    Form.RecordLocks = 0
```

```
            读者编号.Locked = True
            读者姓名.Locked = True
            单位.Locked = True
            电话号码.Locked = True
            照片.Locked = True
            cmdedit.Enabled = True
            cmdadd.Enabled = True
            cmdcancle.Enabled = False
            cmdsave.Enabled = False
            cmddel.Enabled = False
    Exit_cmdsave_Click:
        Exit Sub
    Err_cmdsave_Click:
        MsgBox Err.Description
        Resume Exit_cmdsave_Click
    End Sub
    Private Sub cmdfirst_Click()
    On Error GoTo Err_cmdfirst_Click
    '设置向前键不可用,向后键可用
        cmdbefore.Enabled = False
        cmdnext.Enabled = True
        DoCmd.GoToRecord , , acFirst
    Exit_cmdfirst_Click:
        Exit Sub
    Err_cmdfirst_Click:
        MsgBox Err.Description
        Resume Exit_cmdfirst_Click
    End Sub
    Private Sub cmdbefore_Click()
    On Error GoTo Err_cmdbefore_Click
    '如果向前键可用,则设置向后键可用
        If cmdbefore.Enabled = True Then cmdnext.Enabled = True
        DoCmd.GoToRecord , , acPrevious
    Exit_cmdbefore_Click:
        Exit Sub
    Err_cmdbefore_Click:
        cmdnext.SetFocus
        cmdbefore.Enabled = False
        MsgBox Err.Description
        Resume Exit_cmdbefore_Click
    End Sub
    Private Sub cmdnext_Click()
    On Error GoTo Err_cmdnext_Click
    '如果向后键可用,则设置向前键可用
        If cmdnext.Enabled = True Then cmdbefore.Enabled = True
        DoCmd.GoToRecord , , acNext
    Exit_cmdnext_Click:
        Exit Sub
    Err_cmdnext_Click:
        cmdfirst.SetFocus
        cmdnext.Enabled = False
```

```
    MsgBox Err.Description
    cmdfirst.SetFocus
    cmdnext.Enabled = False
    Resume Exit_cmdnext_Click
End Sub
Private Sub cmdlast_Click()
On Error GoTo Err_cmdlast_Click
'设置向后键不可用,向前键可用
    cmdbefore.Enabled = True
    cmdnext.Enabled = False
    DoCmd.GoToRecord , , acLast
Exit_cmdlast_Click:
    Exit Sub
Err_cmdlast_Click:
    MsgBox Err.Description
    Resume Exit_cmdlast_Click
End Sub
```

（3）测试程序,进行记录的添加、修改和删除操作。

4. 使用 ADO 编程方法改写上例图书管理数据库中读者信息添加操作。

实现的步骤如下:

（1）引用 ADO 对象。在 VBE 环境中,依次选择"工具"→"引用"命令,在"引用"对话框中,选择 Microsoft ActiveX Data Objects 2.5 Library 选项。

（2）上例中"添加"和"修改"命令按钮的事件过程修改如下。

```
Private Sub cmdadd_Click()
'添加记录操作
On Error GoTo Err_cmdadd_Click
'设置窗体可增加记录
    读者编号.Locked = False
    读者姓名.Locked = False
    单位.Locked = False
    电话号码.Locked = False
    照片.Locked = False
    读者编号.Value = ""
    读者姓名.Value = ""
    单位.Value = ""
    电话号码.Value = ""
    照片.Value = ""
'设置记录导航按钮不可用
    cmdfirst.Enabled = False
    cmdbefore.Enabled = False
    cmdnext.Enabled = False
    cmdlast.Enabled = False
'设置某些按钮的可用性
    cmdedit.Enabled = False
    cmdcancle.Enabled = True
    cmdsave.Enabled = True
    cmddel.Enabled = False
    读者编号.SetFocus
```

```
            cmdadd.Enabled = False
            flag = 1 '为添加记录
    Exit_cmdadd_Click:
            Exit Sub
    Err_cmdadd_Click:
            MsgBox Err.Description
            Resume Exit_cmdadd_Click
    End Sub
    Private Sub cmdsave_Click()
    '保存操作
    On Error GoTo Err_cmdsave_Click
    '设置记录导航按钮可用
            cmdfirst.Enabled = True
            cmdbefore.Enabled = True
            cmdnext.Enabled = True
            cmdlast.Enabled = True
            If 读者编号.Value = "" Then
                MsgBox "请输入读者编号!"
                Exit Sub
            End If
            If 读者姓名.Value = "" Then
                MsgBox "请输入读者姓名!"
                Exit Sub
            End If
            If 单位.Value = "" Then
                MsgBox "请输入单位!"
                Exit Sub
            End If
            If 电话号码.Value = "" Then
                MsgBox "请输入电话号码!"
                Exit Sub
            End If
            '添加数据操作
            '声明ADO对象
    Dim cnn As New ADODB.Connection
    Dim rst As ADODB.Recordset
    Dim temp As String
    temp = "SELECT * FROM 读者 WHERE 读者编号 = '" & 读者编号.Value & "'"
            '打开记录集
    rst.Open temp, CurrentProject.Connection, adOpenKeyset, adLockOptimistic
    If rst.RecordCount > 0 Then
            MsgBox "读者编号重复,请重新输入!"
            读者编号.SetFocus
            Exit Sub
    Else
            '执行添加操作
            rst.AddNew
            rst("读者编号") = 读者编号.Value
            rst("读者姓名") = 读者姓名.Value
            rst("单位") = 单位.Value
            rst("电话号码") = 电话号码.Value
```

```
            rst.Update
        End If
        '撤销 ADO 对象
        Set rst = Nothing
        Set cnn = Nothing
        '设置按钮的可用性属性
            读者编号.Locked = True
            读者姓名.Locked = True
            单位.Locked = True
            电话号码.Locked = True
            照片.Locked = True
            cmdedit.Enabled = True
            cmdadd.Enabled = True
            cmdcancle.Enabled = False
            cmdsave.Enabled = False
            cmddel.Enabled = False
Exit_cmdsave_Click:
        Exit Sub
Err_cmdsave_Click:
        MsgBox Err.Description
        Resume Exit_cmdsave_Click
End Sub
```

【实验思考】

1. 在文本框中输入字符时,试述按键事件发生的顺序。如要限制文本框中输入的字符为 a～k,应在哪个按键事件中控制? 如何控制?

2. 在自定义类中,用 Public 和 Private 所声明的过程、函数或变量有什么区别?

3. Access 对象模型中常用对象有哪些? 它们的功能是什么?

4. ADO 对象模型中常用的对象有哪些? 其功能是什么?

5. 使用 ADO 对象编程的一般步骤是什么?

实验 12 　 Access 数据库应用系统开发

【实验目的】

1. 运用课程所学知识，熟悉 Access 2007 各种对象的操作、VBA 编程以及 VBA 数据库访问技术。

2. 熟悉数据库应用系统的开发实现过程，设计并实现一个实际的数据库应用系统。

【实验内容】

前面实验中介绍了图书管理系统数据库和数据表的创建，本实验利用 VBA 的数据库访问技术实现图书管理系统的各功能模块。实验内容包括图书管理系统的主界面设计、各功能模块设计和 VBA 程序的实现。

图书管理系统的主要功能包括图书管理、读者管理和图书借还。

1. 设计主窗体。

图书管理系统主窗体功能是实现与其他窗体和报表的连接，用户可以根据自己的需要，选择相应的按钮操作。主窗体界面如图 1-6 所示。

图 1-6　主窗体界面

各命令按钮事件的代码如下：

```
'图书数据管理事件
Private Sub cmd图书_Click()
On Error GoTo Err_cmd_Click
    Dim stDocName As String
    Dim stLinkCriteria As String
    stDocName = "图书数据管理"
    DoCmd.OpenForm stDocName, , , stLinkCriteria
Exit_cmd_Click:
    Exit Sub
Err_cmd_Click:
```

```
        MsgBox Err.Description
        Resume Exit_cmd_Click
End Sub
'读者数据管理事件
Private Sub cmd读者_Click()
On Error GoTo Err_cmd_Click
        Dim stDocName As String
        Dim stLinkCriteria As String
        stDocName = "读者数据管理"
        DoCmd.OpenForm stDocName, , , stLinkCriteria
Exit_cmd_Click:
        Exit Sub
Err_cmd_Click:
        MsgBox Err.Description
        Resume Exit_cmd_Click
End Sub
Private Sub cmd借还_Click()
'图书借还管理事件
On Error GoTo Err_cmd_Click
        Dim stDocName As String
        Dim stLinkCriteria As String
        stDocName = "图书借还管理"
        DoCmd.OpenForm stDocName, , , stLinkCriteria
Exit_cmd_Click:
        Exit Sub
Err_cmd_Click:
        MsgBox Err.Description
        Resume Exit_cmd_Click
End Sub
Private Sub cmd退出_Click()
'退出事件
    DoCmd.Close
End Sub
```

2.创建通用模块。

通用模块指在整个应用程序中都能用到的一些函数和过程,以及变量。模块中主要包括 GetRS 函数和 ExecuteSQL 过程。GetRS 用来执行查询操作返回记录集,ExecuteSQL 用来执行插入、更新和删除的 SQL 语句。实验过程如下。

(1) 引用 ADO 对象。在 VBE 环境中,依次选择“工具”→“引用”命令,在“引用”对话框中,选择 Microsoft ActiveX Data Objects 2.5 Library 选项。

(2) 在 VBE 编辑器中,通过菜单的“插入”→“模块”命令添加一个标准模块,命名为 dbcommon。代码如下:

```
Option Explicit
'执行 SQL 的 Select 语句,返回记录集
Public Function GetRS(ByVal strSQL As String) As ADODB.Recordset
    Dim rs As New ADODB.Recordset
    Dim conn As New ADODB.Connection
    On Error GoTo GetRS_Error
```

```
        Set conn = CurrentProject.Connection  '打开当前连接
        rs.Open strSQL, conn, adOpenKeyset, adLockOptimistic
        Set GetRS = rs
GetRS_Exit:
        Set rs = Nothing
        Set conn = Nothing
        Exit Function
GetRS_Error:
        MsgBox (Err.Description)
        Resume GetRS_Exit
End Function
'执行 SQL 的 Update、Insert 和 Delete 语句
Public Sub ExecuteSQL(ByVal strSQL As String)
        Dim conn As New ADODB.Connection
        On Error GoTo ExecuteSQL_Error
        Set conn = CurrentProject.Connection  '打开当前连接
        conn.Execute (strSQL)
ExecuteSQL_Exit:
        Set conn = Nothing
        Exit Sub
ExecuteSQL_Error:
        MsgBox (Err.Description)
        Resume ExecuteSQL_Exit
End Sub
```

3. 设计图书数据管理窗体,使用 ADO 对象完成对图书管理数据库图书表的基本操作。
下面实验完成对图书管理数据库的图书表的添加、查找、删除和修改功能,实验步骤如下。

(1) 打开图书管理数据库,创建一个窗体,窗体名称为"图书数据管理"窗体界面和控件
如图 1-7 所示。

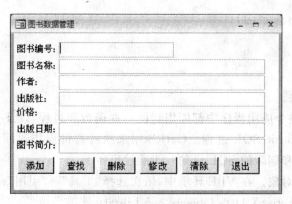

图 1-7　图书数据管理界面

(2) 引用 ADO 对象。在 VBE 环境中,依次选择"工具"→"引用"命令,在"引用"对话框
中,选择 Microsoft ActiveX Data Objects 2.5 Library 选项。

(3) 在"图书数据管理"窗体模块中声明模块级变量。

```
Dim cnn As New ADODB.Connection
Dim rst As ADODB.Recordset
Dim temp As String
```

（4）在"图书数据管理"窗体加载事件中添加代码。

```
Private Sub Form_Load()
    Set cnn = CurrentProject.Connection
    Set rst = New ADODB.Recordset
    temp = "SELECT * FROM 图书"
    Set rst = GetRS(temp)
    txt 编号.Value = ""
    txt 名称.Value = ""
    txt 作者.Value = ""
    txt 出版社.Value = ""
    txt 价格.Value = ""
    txt 日期.Value = ""
    txt 简介.Value = ""
    Call buttonEnable
End Sub
'子过程设置按钮的可用状态
Private Sub buttonEnable()
    If rst.BOF And rst.EOF Then
        txt 编号.SetFocus
        cmd 删除.Enabled = False
        cmd 查找.Enabled = False
        cmd 修改.Enabled = False
        cmd 添加.Enabled = True
    Else
        cmd 删除.Enabled = True
        cmd 查找.Enabled = True
        cmd 修改.Enabled = True
        cmd 添加.Enabled = True
    End If
End Sub
```

（5）"添加"命令按钮事件代码如下。窗体中文本框中输入的内容不能为空,使用AddNew 方法添加记录。

```
Private Sub cmd 添加_Click()
    Dim aOK As Integer
    If txt 编号.Value = "" Or txt 名称.Value = "" Or txt 作者.Value = "" Or txt 出版社.Value = ""
Then
        MsgBox "输入数据不能为空,请重新输入", vbOKolny, ""
    Else
        rst.Close
        temp = "SELECT * FROM 图书 WHERE 图书编号 = '" & Trim(txt 编号.Value) & "'"
        Set rst = GetRS(temp)
        If rst.RecordCount > 0 Then
            MsgBox "图书编号不能重复,请重新输入", vbOKOnly, "错误提示"
            txt 编号.SetFocus
            txt 编号.Value = ""
            Exit Sub
        Else
            rst.AddNew
```

```
        rst("图书编号") = txt 编号.Value
        rst("图书名称") = txt 名称.Value
        rst("作者") = txt 作者.Value
        rst("定价") = txt 价格.Value
        rst("出版社名称") = txt 出版社.Value
        rst("出版日期") = txt 日期.Value
        rst("是否借出") = 0
        rst("图书简介") = txt 简介.Value
        aOK = MsgBox("确认添加吗?", vbOKCancel, "确认提示")
        If aOK = 1 Then
          rst.Update
          txt 编号.Value = ""
          txt 名称.Value = ""
          txt 作者.Value = ""
          txt 出版社.Value = ""
          txt 价格.Value = ""
          txt 日期.Value = ""
          txt 简介.Value = ""
          Call buttonEnable
        Else
          rst.CancelUpdate
        End If
      End If
    End If
End Sub
```

（6）根据"图书名称"查找相应的图书，"查找"命令按钮的事件代码如下。

```
Private Sub cmd 查找_Click()
  Dim strsearch As String
  strsearch = InputBox("请输入查找的图书名称", "查找输入")
  temp = "SELECT * FROM 图书 WHERE 图书名称 LIKE '%" & strsearch & "%'"
  Set rst = GetRS(temp)
  If rst.RecordCount > 0 Then
    Do While Not rst.EOF
      MsgBox "找到记录"
      txt 编号.Value = rst("图书编号").Value
      txt 名称.Value = rst("图书名称").Value
      txt 作者.Value = rst("作者").Value
      txt 价格.Value = rst("定价").Value
      txt 出版社.Value = rst("出版社名称").Value
      txt 日期.Value = rst("出版日期").Value
      txt 简介.Value = rst("图书简介")
      rst.MoveNext
    Loop
  Else
    MsgBox "没找到"
  End If
End Sub
```

（7）实现"删除"功能。删除功能过程：根据用户所输入的"图书编号"找到记录，执行删除操作。

```
Private Sub cmd 删除_Click()
  Dim strsearch As String
  strsearch = InputBox("请输入要删除的图书编号", "查找提示")
  temp = "SELECT * FROM 图书 WHERE 图书编号 = '" & strsearch & "'"
  Set rst = GetRS(temp)
  If rst.RecordCount > 0 Then
    strsearch = "DELETE * FROM 图书 WHERE 图书编号 = '" & strsearch & "'"
    ExecuteSQL (strsearch)
  Else
    MsgBox "未找到图书!"
    Exit Sub
  End If
End Sub
```

（8）实现"修改"功能。修改功能的过程：根据用户所输入的"图书编号"找到记录，并将记录字段显示在文本框中，"修改"按钮标题改为"确认"按钮。修改完后，单击"确认"按钮时，将数据更新到数据表中。

```
Private Sub cmd 修改_Click()
  Dim strsearch As String
  If cmd 修改.Caption = "修改" Then
    strsearch = InputBox("请输入要修改的图书编号", "查找提示")
    temp = "SELECT * FROM 图书 WHERE 图书编号 = '" & strsearch & "'"
    Set rst = GetRS(temp)
    If rst.RecordCount > 0 Then
      MsgBox "找到记录"
      cmd 修改.Caption = "确认"
      txt 编号.Value = rst("图书编号").Value
      txt 编号.Locked = True
      txt 名称.Value = rst("图书名称").Value
      txt 作者.Value = rst("作者").Value
      txt 价格.Value = rst("定价").Value
      txt 出版社.Value = rst("出版社名称").Value
      txt 日期.Value = rst("出版日期").Value
      txt 简介.Value = rst("图书简介")
    Else
      MsgBox "没有找到记录"
    End If
  Else
    rst("图书名称") = txt 名称.Value
    rst("作者") = txt 作者.Value
    rst("定价") = txt 价格.Value
    rst("出版社名称") = txt 出版社.Value
    rst("出版日期") = txt 日期.Value
    rst("图书简介") = txt 简介.Value
    rst.Update
    Set rs = Nothing
  End If
End Sub
```

（9）实现"清除"和"退出"功能。"清除"操作过程为把文本框中的内容清空，"退出"操作过程为关闭 ADO 对象和图书数据管理窗口。

4．设计读者数据管理窗体。

参考"图书数据管理"窗体的设计方法完成"读者数据管理"窗体的设计和程序的实现。

5．设计借还管理窗体。

借还管理窗体主要实现图书借和还的处理，其实验步骤如下。

（1）创建借阅情况查询。在图书管理数据库中创建借阅查询，其 SQL 语句如下，查询命名为"借阅情况查询"。

```
SELECT 读者.读者编号,读者.读者姓名, 图书.图书编号, 图书.图书名称, 图书.作者, 图书.是否借
出, 借阅.借阅日期 FROM 读者, 图书, 借阅
WHERE 读者.读者编号 = 借阅.读者编号 AND 借阅.图书编号 = 图书.图书编号
```

（2）创建借阅情况查询子窗体。使用创建窗体向导来创建借阅情况查询子窗体，创建过程中，数据字段来源选择"借阅情况查询"中的所有字段，窗体布局选择"表格"。子窗体如图 1-8 所示。

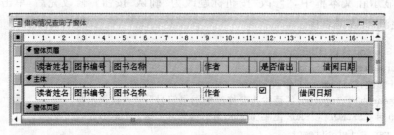

图 1-8　借阅情况查询子窗体设计视图

（3）创建借还管理窗体。图书借还管理窗体的设计视图如图 1-9 所示。窗体中分为 3 个区域。在上面功能区，当用户输入"读者编号"，单击"查询"按钮时，在中间"读者信息区"显示读者的信息，在下面"借阅信息区"中显示当前读者借阅的图书；当用户输入"图书编号"时，可以执行图书的"借"和"还"操作。

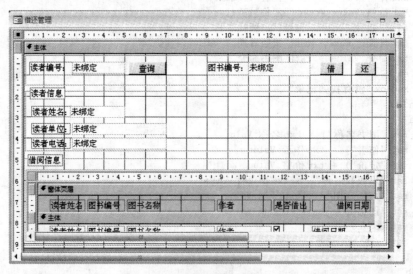

图 1-9　借还管理窗体设计视图

借阅信息区为插入的"借阅情况查询子窗体"。

（4）借还管理窗体代码实现。

```
Option Compare Database
Private Sub Form_Load()
    cmd借.Enabled = False
    cmd还.Enabled = False
'借阅情况查询子窗体清空
    temp = "SELECT * FROM 借阅情况查询 WHERE 读者编号 = ''"
    Me.借阅情况查询子窗体.Form.RecordSource = temp
    Me.借阅情况查询子窗体.Form.Requery
End Sub
Private Sub cmd查询_Click()
    Dim temp As String
    Dim rst As ADODB.Recordset
    If txtReaderbh.Value = "" Then
        MsgBox "请输入读者编号"
        Exit Sub
    End If
    temp = "SELECT * FROM 读者 WHERE 读者编号 = '" & Trim(txtReaderbh.Value) & "'"
    Set rst = GetRS(temp)
    If rst.RecordCount <= 0 Then
        MsgBox "未找到读者!请重新输入"
        Exit Sub
    End If
    txtname.Value = rst("读者姓名")
    txtDW.Value = rst("单位")
    txtPhone.Value = rst("电话号码")
    cmd借.Enabled = True
    cmd还.Enabled = True
    Set rst = Nothing
    temp = "SELECT * FROM 借阅情况查询 WHERE 读者编号 = '" & Trim(txtReaderbh.Value) & "'"
    Me.借阅情况查询子窗体.Form.RecordSource = temp
    Me.借阅情况查询子窗体.Form.Requery
End Sub
Private Sub cmd借_Click()
'借的操作过程
    Dim readerbh As String
    Dim bookbh As String
    Dim temp As String
    Dim rst As ADODB.Recordset
    readerbh = Trim(txtReaderbh.Value)
    bookbh = Trim(txtBookbh.Value)
    If readerbh = "" Then
        MsgBox "请输入读者编号"
        Exit Sub
    End If
    If bookbh = "" Then
        MsgBox "请输入图书编号"
        Exit Sub
    End If
```

```
'判断有没有这位读者；判断有没有这本书,判断这本书是否借出
temp = "SELECT * FROM 读者 WHERE 读者编号 = '" & readerbh & "'"
Set rst = GetRS(temp)
If rst.RecordCount <= 0 Then
    MsgBox "输入的读者编号错误"
    txtReaderbh.SetFocus
    Exit Sub
End If
temp = "SELECT * FROM 图书 WHERE 图书编号 = '" & bookbh & "'"
Set rst = GetRS(temp)
If rst.RecordCount <= 0 Then
    MsgBox "输入的图书编号错误"
    txtBookbh.SetFocus
    Exit Sub
End If
temp = "SELECT * FROM 借阅 WHERE 读者编号 = '" & readerbh & "' AND 图书编号 = '" & bookbh & "'"
Set rst = GetRS(temp)
If rst.RecordCount > 0 Then
    MsgBox "此读者已借这本书,不能再借"
    txtBookbh.SetFocus
    Exit Sub
End If
'如果以上条件判断完,如此书可借,则借此书,在借阅表中添加记录,图书表中是否借出改为1
temp = "INSERT INTO 借阅(读者编号,图书编号,借阅日期) VALUES('" & readerbh & "','" & bookbh
& "',now())"
ExecuteSQL (temp)
temp = "UPDATE 图书 SET 是否借出 = 1 WHERE 图书编号 = '" & bookbh & "'"
ExecuteSQL (temp)
'更新借阅情况查询子窗体显示
temp = "SELECT * FROM 借阅情况查询 WHERE 读者编号 = '" & readerbh & "'"
Me.借阅情况查询子窗体.Form.RecordSource = temp
Me.借阅情况查询子窗体.Form.Requery
End Sub
Private Sub cmd还_Click()
'还的操作过程
Dim readerbh As String
Dim bookbh As String
Dim temp As String
Dim rst As ADODB.Recordset
readerbh = Trim(txtReaderbh.Value)
bookbh = Trim(txtBookbh.Value)
If readerbh = "" Then
    MsgBox "请输入读者编号"
    Exit Sub
End If
If bookbh = "" Then
    MsgBox "请输入图书编号"
    Exit Sub
End If
'判断有没有这位读者；判断有没有这本书,判断这本书是否借出
```

```
temp = "SELECT * FROM 读者 WHERE 读者编号 = '" & readerbh & "'"
Set rst = GetRS(temp)
If rst.RecordCount <= 0 Then
    MsgBox "输入的读者编号错误"
    txtReaderbh.SetFocus
    Exit Sub
End If
temp = "SELECT * FROM 图书 WHERE 图书编号 = '" & bookbh & "'"
Set rst = GetRS(temp)
If rst.RecordCount <= 0 Then
    MsgBox "输入的图书编号错误"
    txtBookbh.SetFocus
    Exit Sub
End If
temp = "SELECT * FROM 借阅 WHERE 读者编号 = '" & readerbh & "' AND 图书编号 = '" & bookbh & "'"
Set rst = GetRS(temp)
If rst.RecordCount <= 0 Then
    MsgBox "此读者未借这本书,不能执行还的操作!"
    txtBookbh.SetFocus
    Exit Sub
End If
'如果以上条件判断完,如此书可还,则进行还操作,在借阅表中删除记录,图书表中是否借出改
为 0
temp = "DELETE * FROM 借阅 WHERE 读者编号 = '" & readerbh & "' AND 图书编号 = '" & bookbh & "'"
ExecuteSQL (temp)
temp = "UPDATE 图书 SET 是否借出 = 0 WHERE 图书编号 = '" & bookbh & "'"
ExecuteSQL (temp)
'更新借阅情况查询子窗体显示
temp = "SELECT * FROM 借阅情况查询 WHERE 读者编号 = '" & readerbh & "'"
Me.借阅情况查询子窗体.Form.RecordSource = temp
Me.借阅情况查询子窗体.Form.Requery
End Sub
```

【实验思考】

1. Access 数据库应用系统开发的一般过程是怎样的？每一步要实现哪些任务？
2. 针对实验 3 所建立的货物供应数据库,试分析其功能需求。
3. 创建货物供应数据库主窗体。
4. 创建供应商数据管理窗体,采用 ADO 编程实现供应商数据的维护。
5. 创建货物数据管理窗体,采用 ADO 编程实现货物数据的维护。
6. 创建进出货管理窗体,并通过 ADO 编程实现其功能。

第2部分
习题选解

　　这一部分根据教学内容编写了十分丰富的习题并给出了参考答案。在使用这些题解时,应重点理解和掌握与题目相关的知识点,而不要死记答案。应在阅读教材的基础上再来做题,通过做题达到强化、巩固和提高的目的。

第1章　数据库系统概论

1.1　选择题

1. 数据库系统与文件系统的最主要区别是（　　）。
   A. 数据库系统复杂，而文件系统简单
   B. 文件系统不能解决数据冗余和数据独立性问题，而数据库系统可以解决
   C. 文件系统只能管理程序文件，而数据库系统能够管理各种类型的文件
   D. 文件系统管理的数据量较少，而数据库系统可以管理庞大的数据量

2. 数据库 DB、数据库系统 DBS、数据库管理系统 DBMS 三者之间的关系是（　　）。
   A. DBS 包括 DB 和 DBMS
   B. DBMS 包括 DB 和 DBS
   C. DB 包括 DBS 和 DBMS
   D. DBS 就是 DB，也就是 DBMS

3. DBS 是采用了数据库技术的计算机系统，它包含数据库、计算机硬件、软件和（　　）。
   A. 系统分析员　　　B. 程序员　　　C. 数据库管理员　　　D. 操作员

4. （　　）是位于用户和操作系统之间的一层数据管理软件，数据库在建立、使用和维护时由其统一管理、统一控制。
   A. DBMS　　　　B. DB　　　　C. DBS　　　　D. DBA

5. 下列说法中不正确的是（　　）。
   A. 数据库减少了数据冗余
   B. 数据库中的数据可以共享
   C. 数据库避免了一切数据的重复
   D. 数据库具有较高的数据独立性

6. 建立数据库系统的主要目标是减少数据冗余，提高数据的独立性，并集中检查（　　）。
   A. 数据操作性　　　B. 数据兼容性　　C. 数据完整性　　　D. 数据可维护性

7. 下列选项中不属于数据库特点的是（　　）。
   A. 数据共享
   B. 数据完整性
   C. 数据冗余很高
   D. 数据独立性强

8. 在下面关于数据库的说法中错误的是（　　）。
   A. 数据库有较高的安全性
   B. 数据库有较高的数据独立性
   C. 数据库中的数据可被不同的用户共享
   D. 数据库没有数据冗余

9. 从广义的角度来看，数据库系统应该由（　　）组成。
   A. 数据库、硬件、软件和人员
   B. 数据库、硬件、数据库管理系统和软件

C. 数据库、软件和人员　　　　　　　　　D. 数据库、数据库管理系统和人员

10. 数据库系统不仅包括数据库本身,还包括相应的硬件、软件和(　　　)。

　　A. 数据库管理系统　　　　　　　　　　B. 数据库应用系统

　　C. 相关的计算机系统　　　　　　　　　D. 各类相关人员

11. 要保证数据库逻辑数据独立性,需要修改的是(　　　)。

　　A. 模式　　　　　　　　　　　　　　　B. 模式与内模式的映射

　　C. 模式与外模式的映射　　　　　　　　D. 内模式

12. 要保证数据库的数据独立性,需要修改的是(　　　)。

　　A. 模式与外模式　　　　　　　　　　　B. 模式与内模式

　　C. 三级模式之间的两种映射　　　　　　D. 三级模式

13. 在数据库的三级模式结构中,内模式有(　　　)。

　　A. 1个　　　　　　B. 2个　　　　　　C. 3个　　　　　　D. 任意个

14. 在数据库系统的三级模式结构中,用来描述数据的全局逻辑结构的是(　　　)。

　　A. 子模式　　　　　B. 用户模式　　　　C. 模式　　　　　　D. 存储模式

15. 在关系数据库中,视图是三级模式结构中的(　　　)。

　　A. 内模式　　　　　B. 模式　　　　　　C. 存储模式　　　　D. 外模式

16. 在数据库中可以创建和删除表,也可以修改表,这是因为DBMS提供了(　　　)。

　　A. 数据定义功能　　　　　　　　　　　B. 数据查询功能

　　C. 数据操作功能　　　　　　　　　　　D. 数据控制功能

17. 描述数据库全体数据的全局逻辑结构和特性的是(　　　)。

　　A. 模式　　　　　　B. 内模式　　　　　C. 外模式　　　　　D. 用户模式

18. 用户或应用程序看到的那部分局部逻辑结构和特征的描述是(　　　),它是模式的逻辑子集。

　　A. 模式　　　　　　B. 物理模式　　　　C. 子模式　　　　　D. 内模式

19. 数据库系统的数据独立性体现在(　　　)。

　　A. 不会因为数据的变化而影响应用程序

　　B. 不会因为系统数据存储结构与数据逻辑结构的变化而影响应用程序

　　C. 不会因为存储策略的变化而影响存储结构

　　D. 不会因为某些存储结构的变化而影响其他存储结构

20. 数据独立性是指(　　　)。

　　A. 数据之间相互独立

　　B. 应用程序与DB的结构之间相互独立

　　C. 数据的逻辑结构与物理结构相互独立

　　D. 数据与磁盘之间相互独立

21. 数据库系统实现数据独立性是因为采用了(　　　)。

　　A. 层次模型　　　　B. 网状模型　　　　C. 关系模型　　　　　D. 三级模式结构

22. 下述(　　　)不是DBA数据库管理员的职责。

　　A. 完整性约束说明　　　　　　　　　　B. 定义数据库模式

　　C. 数据库安全　　　　　　　　　　　　D. 数据库管理系统设计

23. 要想成功地运行数据库,就要在数据处理部门配备(   )。
    A. 部门经理   B. 数据库管理员
    C. 应用程序员   D. 系统设计员

24. 学生社团可以接纳多名学生参加,但每名学生只能参加一个社团,从社团到学生之间的联系类型是(   )。
    A. 多对多   B. 一对一   C. 多对一   D. 一对多

25. 设有部门和职员两个实体,每个职员只能属于一个部门,一个部门可以有多名职员,则部门与职员实体之间的联系类型是(   )。
    A. $m:n$ B. $1:n$ C. $m:k$ D. $1:1$

26. 概念模型是现实世界的第一层抽象,这一类模型最常用的是(   )。
    A. 层次模型   B. 关系模型   C. 网状模型   D. 实体-联系模型

27. 数据库设计人员和用户之间沟通信息大的桥梁是(   )。
    A. 程序流程图   B. 实体-联系图   C. 模块结构图   D. 数据结构图

28. E-R图用于描述数据库的(   )。
    A. 概念模型   B. 数据模型   C. 物理模型   D. 逻辑模型

29. 关于E-R图,下列叙述中不正确的是(   )。
    A. E-R是建立数据库的一种概念模型
    B. E-R图只能用作建立关系模型
    C. E-R图采用矩形、椭圆与菱形框,分别描述实体的名称、属性和相互联系
    D. 现在还没有一种 DBMS 直接支持 E-R 模型

30. 关系数据模型的3个组成部分中不包括(   )。
    A. 完整性规则   B. 数据结构   C. 数据操作   D. 并发控制

31. 数据模型的三要素是(   )。
    A. 外模式、模式和内模式   B. 关系模型、层次模型、网状模型
    C. 实体、属性和联系   D. 数据结构、数据操作和完整性约束

32. 按数据的组织形式,数据库的数据模型可分为3种模型,它们是(   )。
    A. 小型、中型和大型   B. 网状、环状和链状
    C. 层次、网状和关系   D. 独享、共享和实时

33. 数据库类型是根据(   )划分的。
    A. 文件形式   B. 记录形式
    C. 数据模型   D. 存取数据的方法

34. 对于"关系"的描述,正确的是(   )。
    A. 同一个关系中允许有完全相同的元组
    B. 同一个关系中元组必须按关键字升序存放
    C. 在一个关系中必须将关键字作为该关系的第一个属性
    D. 同一个关系中不能出现相同的属性名

35. 关系模型的基本数据结构是(   )。
    A. 树   B. 图   C. 环   D. 二维表格

36. 在数据库中,对满足条件:允许一个以上的节点无双亲和一个节点可以有多于一个的双亲的数据模型称为(   )。

    A. 层次数据模型   B. 网状数据模型

    C. 关系数据模型   D. 面向对象数据库

1.2 填空题

1. 教学管理系统、图书管理系统等都是以_____为基础和核心的计算机应用系统。

2. 数据是表示信息的_____,信息是数据所包含的_____。

3. 数据管理技术经历了_____阶段、_____阶段和_____阶段,其中数据独立性最高的阶段是_____。

4. 文件系统的缺陷是_____、_____和_____。

5. 数据库技术是在_____基础上发展起来的,而且 DBMS 本身要在_____支持下才能工作。

6. 数据库是存储在计算机内的、有组织的并且可共享的_____。

7. 支持数据库各种操作的软件系统叫_____。

8. 在 DBS 中,逻辑数据与物理数据之间可以差别很大。数据管理软件的功能之一就是要在这两者之间进行_____。

9. 由计算机硬件、操作系统、DBMS、数据库、应用程序及有关人员等组成的一个整体叫_____。

10. 数据库常用的逻辑数据模型是_____、_____、_____,Access 属于_____。

11. 数据库系统包括硬件系统、软件系统、_____和数据库管理员。

12. 数据库系统(DBS)是一个由_____、_____以及_____组成的多级系统结构。

13. 从数据处理的角度来看,现实世界中的客观事物称为_____,它是现实世界中任何可区分、可识别的事物。

14. 数据库操纵技术是指查询、_____、修改和_____表中数据的技术。

15. 一种数据模型的特点是:有且仅有一个根结点,根结点没有父结点;其他结点有且仅有一个父结点。则这种数据模型是_____。

16. 对现实世界进行第一层抽象的模型称为_____模型,对现实世界进行第二层抽象的模型称为_____模型。

17. E-R 图用矩形框、椭圆形框和菱形框,分别表示现实世界中实体的名称、_____、_____和_____。

1.3 问答题

1. 数据库管理与文件管理相比,有哪些优点?

2. 什么是数据库、数据库管理系统以及数据库系统? 它们之间有什么联系?

3. 分别举出适合用文件系统和适合用数据库系统的应用例子。

4. 试述数据库系统的特点。

5. 数据库管理系统的主要功能有哪些?

6. 什么是数据独立性? 在数据库系统中,如何保证数据的独立性?

7. 试述数据模型的概念、数据模型的作用和数据模型的 3 个要素。

8. 试述概念模型的作用。

9. 解释术语：实体，实体型，实体集，属性，实体-联系图（E-R 图）。

10. 实体之间的联系有哪几种？分别举例说明。

1.4　应用题

1. 一个图书借阅管理系统要求提供下列服务：

(1) 可以随时查询书库中现有书籍的品种、数量与存放位置。所有书籍均由书号唯一标识。

(2) 可以随时查询书籍借还情况，包括借书人姓名、单位、借书日期、应还日期。系统约定，任何人可以借多种图书，任何一种图书可为多个人所借，借书证号具有唯一性。

(3) 当需要时，可以通过系统中保存的出版社的电话、E-mail、通信地址及邮政编码等信息向出版社购买有关书籍。系统约定，一个出版社可以出版多种图书，同一种图书仅为一个出版社出版，出版社名具有唯一性。

根据上述假设，构造满足系统需求的 E-R 图。

2. 某体育运动锦标赛有来自世界各国运动员组成的体育代表团参加各类比赛项目，试为该锦标赛各个代表团、运动员、比赛项目等情况设计 E-R 模型。

3. 某医院病房计算机管理中需如下信息：

科室：科室名、科室地址、科室电话。

病房：病房号、床位数、所属科室名。

医生：姓名、职称、所属科室名、出生日期、工作证号。

病人：病历号、姓名、性别、诊断医生、病房号。

约定：一个科室有多名病房和多名医生；一个病房只能属于一个科室；一名医生只属于一个科室，但可负责多名病人的诊治；一名病人的主治医生只有一个。

试设计该系统的 E-R 图。

参　考　答　案

1.1　选择题答案

1. B	2. A	3. C	4. A	5. C	6. C	7. C	8. D
9. A	10. D	11. C	12. C	13. A	14. C	15. D	16. A
17. A	18. C	19. B	20. B	21. D	22. D	23. B	24. D
25. B	26. D	27. B	28. A	29. B	30. D	31. D	32. C
33. C	34. D	35. D	36. B				

1.2　填空题答案

1. 数据库

2. 物理符号，意义

3. 人工管理，文件管理，数据库管理，数据库管理

4. 数据冗余，数据独立性差，数据联系弱

5. 文件系统,操作系统

6. 数据集合

7. 数据库管理系统

8. 转换

9. 数据库系统

10. 层次模型,网状模型,关系模型,关系模型

11. 数据库

12. 内模式,模式,外模式

13. 实体

14. 插入,删除

15. 层次模型

16. 概念,逻辑

17. 实体,属性,联系

1.3 问答题答案

1.【答】 数据库管理是在文件管理的基础上发展起来的,实现了大量关联数据有组织的存储,与文件管理的重要区别是数据的充分共享以及数据与应用程序的较高独立性。

2.【答】 数据库(Datebase,DB)指按照一定方式组织的、存储在外部存储设备上的、能为多个用户共享的、与应用程序相互独立的相关数据集合。

数据库管理系统(Database Management System,DBMS)是对数据库进行统一控制和管理的系统软件。

数据库系统(Database System,DBS)是指基于数据库的计算机应用系统,由计算机硬件系统、计算机软件系统、数据库和有关人员等几部分组成。

数据库系统包括数据库和数据库管理系统,数据库管理系统是数据库系统的核心软件,数据库是管理的对象。

3.【答】 适用于文件系统的应用例子:数据的备份、软件或应用程序使用过程中的临时数据存储一般使用文件比较合适,功能比较简单、比较固定的应用系统也适合用文件系统。

适用于数据库系统的应用例子:几乎所有企业或部门的信息系统都适于数据库系统。如工厂的管理信息系统、学校的学生管理系统、人事管理系统、图书管理系统等等都适合用数据库系统。

4.【答】 数据库系统的主要特点如下:

(1) 数据结构化

数据库系统实现整体数据的结构化,这是数据库的主要特征之一,也是数据库系统与文件系统的本质区别。

(2) 数据的共享性高,冗余度低,易扩充

数据库的数据不再面向某个应用而是面向整个系统,因此可以被多名用户、多个应用、用多种不同的语言共享使用。由于数据面向整个系统,是有结构的数据,不仅可以被多个应用共享使用,而且容易增加新的应用,这就使得数据库系统弹性大,易于扩充。

(3) 数据独立性高

数据独立性包括数据的物理独立性和数据的逻辑独立性。数据库管理系统的模式结构

和二级映像功能保证了数据库中的数据具有很高的物理独立性和逻辑独立性。

(4) 数据由 DBMS 统一管理和控制

数据库的共享是并发的共享,即多名用户可以同时存取数据库中的数据甚至可以同时存取数据库中同一个数据。为此,DBMS 必须提供统一的数据控制功能,包括数据的安全性保护,数据的完整性检查,并发控制和数据库恢复。

5.【答】 数据库管理系统的主要功能有数据定义功能、数据操纵功能、数据库运行管理功能、数据库的建立和维护功能等。

6.【答】 数据独立性是指应用程序与数据库的数据结构之间相互独立。在数据库系统中,因为采用了数据库的三级模式结构,保证了数据库中数据的独立性。在数据存储结构改变时,不影响数据的全局逻辑结构,这样保证了数据的物理独立性。在全局逻辑结构改变时,不影响用户的局部逻辑结构以及应用程序,这样就保证了数据的逻辑独立性。

7.【答】 数据模型是数据库中用来对现实世界进行抽象的工具,是数据库中用于提供信息表示和操作手段的形式构架。

一般来讲,数据模型是严格定义的概念的集合。这些概念精确地描述系统的静态特性、动态特性和完整性约束条件。

数据模型通常由数据结构、数据操作和数据的完整性约束3部分组成。

(1) 数据结构:是所研究的对象类型的集合,是对系统的静态特性的描述。

(2) 数据操作:是指对数据库中各种对象(型)的实例(值)允许进行的操作的集合,包括操作及有关的操作规则,是对系统动态特性的描述。

(3) 数据的完整性约束:是完整性规则的集合,完整性规则是给定的数据模型中数据及其联系所具有的制约和依存规则,用于限定符合数据模型的数据库状态以及状态的变化,以保证数据的正确、有效和相容。

8.【答】 概念模型是现实世界到机器世界的一个中间层次。概念模型用于信息世界的建模,是现实世界到信息世界的第一层抽象,是数据库设计人员进行数据库设计的有力工具,也是数据库设计人员和用户之间进行交流的语言。

9.【答】 实体:客观存在并可以相互区分的事物叫实体。

实体型:具有相同属性的实体具有相同的特征和性质,用实体名及其属性名集合来抽象和刻画同类实体称为实体型。

实体集:同型实体的集合称为实体集。

属性:实体所具有的某一特性,一个实体可用若干个属性来刻画。

实体-联系图:E-R 图提供了表示实体型、属性和联系的方法,用来描述现实世界的概念模型。其中实体型用矩形表示,矩形框内写明实体名;属性用椭圆形表示,并用无向边将其与相应的实体连接起来;联系用菱形表示,菱形框内写明联系名,并用无向边分别与有关实体连接起来,同时在无向边旁标上联系的类型($1:1$、$1:n$ 或 $m:n$)。

10.【答】 实体之间的联系有3种类型:一对一($1:1$)、一对多($1:n$)、多对多($m:n$)。例如,一位乘客只能坐一个机位,一个机位只能由一位乘客乘坐,所以乘客和飞机机位之间的联系是 $1:1$ 的联系。一个班级有许多学生,而一名学生只能编入某一个班级,所以班级和学生之间的联系是 $1:n$ 的联系。一名教师可以讲授多门课程,同一门课程也可以由多名教师讲授,所以教师和课程之间的联系是 $m:n$ 的联系。

1.4 应用题答案

1. 图书借阅管理 E-R 图如图 2-1 所示。

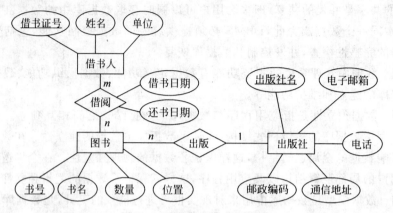

图 2-1　图书借阅管理 E-R 图

2. E-R 模型的一种设计方案如图 2-2 所示。

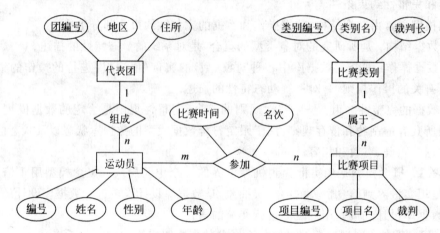

图 2-2　E-R 模型的设计方案

3. 医院管理系统 E-R 图如图 2-3 所示。

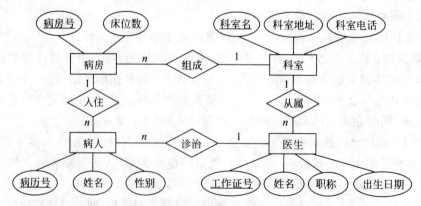

图 2-3　医院管理系统 E-R 图

第 2 章 关系数据库基本原理

2.1 选择题

1. 关于关系数据库技术,下列叙述正确的是( )。

    A. 关系模型早于层次和网状模型问世

    B. 二维表格行列交叉点既可以存储一个基本数据,也可以存储另一个表格

    C. 关系的一个属性对应现实世界中的一个客观对象

    D. 关系代数中的并、交、减、乘积运算实际上就是对关系的元组所实行的同名集合运算

2. 下列关于关系数据库叙述中错误的是( )。

    A. 关系数据库的结构一般保持不变,但也可根据需要进行修改

    B. 一个数据表组成一个关系数据库,多种不同的数据则需要创建多个数据库

    C. 关系数据表中的所有记录的关键字字段的值互不相同

    D. 关系数据表中的外部关键字不能用于区别该表中的记录

3. 关系数据库是若干( )的集合。

    A. 表(关系)　　　　B. 视图　　　　C. 列　　　　D. 行

4. 关系数据模型是目前最重要的一种数据模型,它的 3 个要素分别为( )。

    A. 实体完整、参照完整、用户自定义完整

    B. 数据结构、关系操作、完整性约束

    C. 数据增加、数据修改、数据查询

    D. 外模式、模式、内模式

5. 下面选项中不是关系数据库基本特征的是( )。

    A. 不同的列应有不同的数据类型　　　　B. 不同的列应有不同的列名

    C. 与行的次序无关　　　　　　　　　　D. 与列的次序无关

6. 参照完整性规则要求表的( )必须是另一个表主键的有效值,或是空值。

    A. 候选键　　　　B. 外键　　　　C. 主键　　　　D. 主属性

7. 在关系数据库中,要求基本关系中所有的主属性上不能有空值,其遵守的约束规则是( )。

    A. 数据依赖完整性规则　　　　　　B. 用户定义完整性规则

    C. 实体完整性规则　　　　　　　　D. 域完整性规则

8. 在关系模型中,为了实现"关系中不允许出现相同的元组"的约束应使用( )。

    A. 候选关键字　　　B. 主关键字　　　C. 外部关键字　　D. 索引关键字

9. 约束"年龄限制在18～30岁之间"属于DBMS的(　　)功能。

    A. 安全性　　　　　　　　B. 完整性　　　　　C. 并发控制　　　D. 恢复

10. 数据库中的冗余数据指(　　)的数据。

    A. 容易产生错误　　　　　　　　　　　B. 容易产生冲突

    C. 无关紧要　　　　　　　　　　　　　D. 由基本数据导出

11. 关系模式的任何属性(　　)。

    A. 不可再分　　　　　　　　　　　　　B. 可以再分

    C. 命名在关系模式上可以不唯一　　　　D. 可以是若干数据项的组合

12. 关系模型中有3类完整性约束：实体完整性、参照完整性和用户定义完整性,定义外部关键字实现的是(　　)。

    A. 实体完整性

    B. 用户定义完整性

    C. 参照完整性

    D. 实体完整性、参照完整性和用户定义完整性

13. 在概念模型中,一个实体集对应于关系模型中的一个(　　)。

    A. 元组　　　　　　　B. 字段　　　　　C. 属性　　　　D. 关系

14. 关系数据表的关键字可由(　　)字段组成。

    A. 一个　　　　　　　B. 两个　　　　　C. 多个　　　　D. 一个或多个

15. 关于关系模式的关键字,以下说法中正确的是(　　)。

    A. 一个关系模式可以有多个主关键字

    B. 一个关系模式可以有多个候选关键字

    C. 主关键字可以取空值

    D. 有一些关系模式没有关键字

16. 候选关键字的属性可以有(　　)。

    A. 多个　　　　　　　B. 0个　　　　　C. 一个　　　　D. 一个或多个

17. 一个关系只有一个(　　)。

    A. 候选关键字　　　　B. 外部关键字　　C. 超关键字　　D. 主关键字

18. 关系模型中,一个关键字(　　)。

    A. 可以由多个任意属性组成

    B. 至多由一个属性组成

    C. 可由一个或多个其值能够唯一表示该关系模式中任何元组的属性组成

    D. 以上都不是

19. 现有如下关系：

患者(患者编号,患者姓名,性别,出生日期,所在单位)

医疗(诊断书编号,患者编号,患者姓名,医生编号,医生姓名,诊断日期,诊断结果)

其中,医疗关系中的外部关键字是(　　)。

    A. 患者编号　　　　　　　　　　　　　B. 患者姓名

    C. 患者编号和患者姓名　　　　　　　　D. 医生编号和患者编号

20. 现有一个关系:

借阅(书号,书名,库存数,读者号,借期,还期)

假如同一本书允许一名读者多次借阅,但不能同日对一种书借多本,则该关系模式的关键字是(   )。

    A. 书号　　　　　　　　　　　　B. 读者号

    C. 书号＋读者号　　　　　　　　D. 书号＋读者号＋借期

21. 数据库中有 A、B 两表,均有字段 C,在两表中 C 字段都设为主键,当通过 C 字段建立两表关系时,则该关系为(   )。

    A. 一对一　　　B. 一对多　　　C. 多对多　　　D. 不能建立关系

22. 假设用书号、书名、作者、出版社、出版日期、库存数量等属性描述图书,可以作为关键字的是(   )。

    A. 书号　　　　　　B. 书名　　　　　　C. 作者　　　　　　D. 出版社

23. 在 E-R 模型转换成关系模型的过程中,下列叙述中不正确的是(   )。

    A. 每个实体类型转换成一个关系模式

    B. 每个联系类型转换成一个关系模式

    C. 每个 $m:n$ 联系类型转换成一个关系模式

    D. 在处理 1:1 联系和 1:n 联系类型时,不生成新的关系模式

24. 将 E-R 图转换为关系模式时,实体和联系都可以表示为(   )。

    A. 属性　　　　　　B. 键　　　　　　C. 关系　　　　　　D. 域

25. 关系模型中实现实体间 $m:n$ 联系是通过增加一个(   )。

    A. 关系实现　　　　　　　　　　B. 属性实现

    C. 关系或一个属性实现　　　　　D. 关系和一个属性实现

26. 把实体-联系模型转换为关系模型时,实体之间多对多联系在关系模型中是通过(   )。

    A. 建立新的属性实现　　　　　　B. 建立新的关键字实现

    C. 建立新的关系实现　　　　　　D. 建立新的实体实现

27. 一个 $m:n$ 联系转换为一个关系模式,关系的关键字为(   )。

    A. 某个实体的关键字　　　　　　B. 各实体关键字的组合

    C. n 端实体的关键字　　　　　　D. 任意一个实体的关键字

28. 当同一个实体集内部的实体之间存在着一个 $1:n$ 联系时,那么根据 E-R 模型转换成关系模型的规则,这个 E-R 图转换成的关系模式个数为(   )。

    A. 1 个　　　　　　B. 2 个　　　　　　C. 3 个　　　　　　D. 4 个

29. 有两个不同的实体集,它们之间存在着一个 $m:n$ 联系,那么根据 E-R 模型转换成关系模型的规则,这个 E-R 图转化成的关系模型的个数为(   )。

    A. 2 个　　　　　　B. 3 个　　　　　　C. 4 个　　　　　　D. 5 个

30. 如果有 10 个不同实体集,它们之间存在着 12 个不同的二元联系(即两个实体集之间的联系),其中 3 个是 1:1 联系、4 个是 1:n 联系、5 个是 $m:n$ 联系,那么根据 E-R 模型转换成关系模型的规则,这个 E-R 图转换成的关系模式的个数为(   )。

    A. 14 个　　　　　　B. 15 个　　　　　　C. 19 个　　　　　　D. 22 个

31. 关系代数运算是以( )为基础的运算。

    A. 关系运算　　　　　B. 谓词演算　　　C. 集合运算　　　D. 代数运算

32. 关系数据库管理系统能够实现的专门关系运算包括( )。

    A. 排序、索引、统计　　　　　　　　　B. 选择、投影、连接

    C. 关联、更新、排序　　　　　　　　　D. 显示、打印、制表

33. 5 种基本关系代数运算是( )。

    A. $\cup$、$\cap$、$-$、$\times$、π　　　　　　　　B. $\cup$、$-$、$\times$、σ、π

    C. $\cup$、$\cap$、$\times$、σ、π　　　　　　　　D. $\cup$、$\cap$、σ、$-$、π

34. 关系 R 和 S 的并运算是( )。

    A. 由关系 R 和 S 的所有元组合并组成的集合，再删去重复的元组

    B. 由属于 R 而不属于 S 的所有元组组成的集合

    C. 由既属于 R 又属于 S 的元组组成的集合

    D. 由 R 和 S 的元组连接组成的集合

35. 在关系运算中，投影运算是( )。

    A. 在基本表中选择满足条件的记录组成一个新的关系

    B. 在基本表中选择字段组成一个新的关系

    C. 在基本表中选择满足条件的记录和属性组成一个新的关系

    D. 上述说法都是正确的

36. $A \cap B$ 正确的替代表达式是( )。

    A. $A-(A-B)$　　　B. $A \cup (A-B)$　　　C. $\pi_B(A)$　　　D. $A-(B-A)$

37. 假设有关系 R 和 S，在下列的关系运算中，( )运算不要求："R 和 S 具有相同的元数，且它们的对应属性的数据类型也相同"。

    A. $R \cap S$　　　　　B. $R \cup S$　　　　　C. $R-S$　　　　　D. $R \times S$

38. 假设有关系 R 和 S，关系代数表达式 $R-(R-S)$ 表示的是( )。

    A. $R \cap S$　　　　　B. $R \cup S$　　　　　C. $R-S$　　　　　D. $R \times S$

39. 设有如下关系表：

R

A	B	C
1	1	2
2	2	3

S

A	B	C
3	1	3

T

A	B	C
1	1	2
2	2	3
3	1	3

则下列操作中正确的是( )。

    A. $T=R \cap S$　　　　B. $T=R \cup S$　　　C. $T=R \times S$　　　D. $T=R/S$

40. 关系数据库中的投影操作是指从关系中( )。

    A. 抽出特定记录　　　　　　　　　　B. 抽出特定字段

    C. 建立相应的影像　　　　　　　　　D. 建立相应的图形

41. 专门的关系运算不包括下列中的( )。

    A. 连接运算　　　　　B. 选择运算　　　C. 投影运算　　　D. 交运算

42. 对关系 S 和 R 进行集合运算,结果中既包含 S 中元组也包含 R 中元组,这种集合运算称为( )。

  A. 并运算   B. 交运算   C. 差运算   D. 积运算

43. 在下列选项中不属于基本关系运算的是( )。

  A. 连接   B. 投影   C. 选择   D. 排序

44. 从一个关系中取出满足某个条件的所有记录形成一个新的关系操作是( )操作。

  A. 投影   B. 连接   C. 选择   D. 复制

45. 有两个关系 R,S 如下:

R

A	B	C
a	3	2
b	0	1
c	2	1

S

A	B
a	3
b	0
c	2

由关系 R 通过运算得到关系 S,则所使用的运算为( )。

  A. 选择   B. 投影   C. 插入   D. 连接

46. 关系代数中的连接操作由( )操作组合而成。

  A. 选择和投影   B. 选择和笛卡儿积

  C. 投影、选择、笛卡儿积   D. 投影和笛卡儿积

47. 自然连接是构成新关系的有效方法。一般情况下,当对关系 R 和 S 是用自然连接时,要求 R 和 S 含有一个或多个共有的( )。

  A. 记录   B. 行   C. 属性   D. 元组

48. 在关系模式 R 中,函数依赖 X→Y 的语义是( )。

  A. 在 R 的每一关系中,若两个元组的 X 值相等,则 Y 值也相等

  B. 在 R 的某一关系中,若两个元组的 X 值相等,则 Y 值也相等

  C. 在 R 的每一关系中,Y 值应与 X 值相等

  D. 在 R 的某一关系中,Y 值应与 X 值相等

49. 下列叙述中正确的是( )。

  A. 设 A→B 是 R(A,B,C,D)的一个函数依赖关系,为节约存储空间,可以在 R 中不存储属性 B。

  B. 某些关系没有候选关键字。

  C. 属性依赖关系 A→B 是当 B 的属性值确定后,A 的属性值也随之确定。

  D. 若属性组合(A,B)是关系 R 的候选关键字,则 A、B 间没有函数依赖关系

50. 当关系模式 R(A,B)已属于 3NF,下列说法中正确的是( )。

  A. 它一定消除了插入和删除异常 B. 仍存在一定的插入和删除异常

  C. 一定属于 BCNF   D. A 和 C 都是

51. 设有关系 W(工号,姓名,工种,定额),将其规范化到第三范式,正确的是( )。

  A. W1(工号,姓名)   W2(工种,定额)

B. W1(工号,工种,定额)　　W2(工种,姓名)

C. W1(工号,姓名,工种)　　W2(工种,定额)

D. 以上都不正确

52. 给定如下关系 R,则 R(　　　)。

R

零件号	单价
P1	25
P2	8
P3	25
P4	9

A. 不是 3NF　　　　　　　　　　　　B. 是 3NF 但不是 2NF

C. 是 3NF 但不是 BCNF　　　　　　　D. 是 BCNF

53. 在关系模式 R(A,B,C)中,存在函数依赖关系{A→C,C→B},则关系模式 R 最高可以达到(　　　)。

A. 1NF　　　　　　B. 2NF　　　　　　C. 3NF　　　　　　D. BCNF

54. 设学生关系 S(SNo,SName,SSex,SAge,SDpart)的主关键字为 SNo,学生选课关系 SC(SNo,CNo,SCore)的关键字为 SNo 和 CNo,则关系 R(SNo,CNo,SSex,SAge,SDpart,SCore)的主关键字为 SNo 和 CNo,其满足(　　　)。

A. 1NF　　　　　　B. 2NF　　　　　　C. 3NF　　　　　　D. BCNF

55. 已知关系模式 R(A,B,C,D,E)及其上的函数相关性集合 F={A→D,B→C,E→A},该关系模式的候选关键字是(　　　)。

A. (A,B)　　　　　B. (B,E)　　　　　C. (C,D)　　　　　D. (D,E)

56. 关系模式中,满足 2NF 的模式(　　　)。

A. 可能是 1NF　　　　　　　　　　　B. 必定是 1NF

C. 必定是 3NF　　　　　　　　　　　D. 必定是 BCNF

57. 关系模式 R 中的属性都是主属性,则 R 的最高范式必定是(　　　)。

A. 1NF　　　　　　B. 2NF　　　　　　C. 3NF　　　　　　D. BCNF

58. 消除了部分函数依赖 1NF 的关系模式,必定是(　　　)。

A. 1NF　　　　　　B. 2NF　　　　　　C. 3NF　　　　　　D. BCNF

59. 如果 A→B,那么属性 A 和属性 B 的联系是(　　　)。

A. 一对多　　　　　B. 多对一　　　　　C. 多对多　　　　　D. 以上都不是

60. 在关系数据库中,任何二元关系模式的最高范式必定是(　　　)。

A. 1NF　　　　　　B. 2NF　　　　　　C. 3NF　　　　　　D. BCNF

61. 设有关系模式 W(C,P,S,G,T,R),其中各属性的含义是:C 表示课程,P 表示教师,S 表示学生,G 表示成绩,T 表示时间,R 表示教室,根据语义有如下数据依赖集:D={C→P,(S,C)→G,(T,R)→C,(T,P)→R,(T,S)→R},若将关系模式 W 分解为 3 个关系模式 W1(C,P),W2(S,C,G),W2(S,T,R,C),则 W1 的规范化程序最高达到(　　　)。

A. 1NF　　　　　　B. 2NF　　　　　　C. 3NF　　　　　　D. BCNF

62. 在关系规范式中,分解关系的基本原则是( )。

    Ⅰ. 实现无损连接   Ⅱ. 分解后的关系相互独立   Ⅲ. 保持原有的依赖关系

    A. Ⅰ和Ⅱ   B. Ⅰ和Ⅲ   C. Ⅰ   D. Ⅱ

63. 不能使一个关系从第一范式转化为第二范式的条件是( )。

    A. 每一个非主属性都完全依赖主属性   B. 每一个非主属性都部分依赖主属性

    C. 在一个关系中没有非主属性存在   D. 主键由一个属性构成

64. 任何一个满足2NF但不满足3NF的关系模式都不存在( )。

    A. 主属性对关键字的部分依赖   B. 非主属性对关键字的部分依赖

    C. 主属性对关键字的传递依赖   D. 非主属性对关键字的传递依赖

65. 关系数据库规范化是为了解决关系数据库中( )的问题而引入的。

    A. 插入、删除和数据冗余   B. 提高查询速度

    C. 减少数据操作的复杂性   D. 保证数据的安全性和完整性

66. 规范化理论是关系数据库进行逻辑设计的理论依据。根据这个理论,关系数据库中的关系必须满足:每一个属性都是( )。

    A. 长度不变的   B. 不可分解的   C. 互相关联的   D. 互不相关的

67. 关系的规范化中,各个范式之间的关系是( )。

    A. 1NF∈2NF∈3NF   B. 3NF∈2NF∈1NF

    C. 1NF＝2NF＝3NF   D. 1NF∈2NF∈BCNF∈3NF

68. 下列叙述中错误的是( )。

    A. 2NF 必然属于 1NF   B. 3NF 必然属于 2NF

    C. 3NF 必然属于 BCNF   D. BCNF 必然属于 3NF

69. 如何构造出一个合适的数据逻辑结构是( )主要解决的问题。

    A. 关系数据库优化   B. 数据字典

    C. 关系数据库规范化理论   D. 关系数据库查询

70. 关于关系规范化,下列叙述中正确的是( )。

    A. 规范化是为了保证存储在数据库中的数据正确、有效、相容的一组规则

    B. 规范化是为了提高数据查询速度的一组规则

    C. 规范化是为了解决数据库中数据的插入、删除、修改异常等问题的一组规则

    D. 各种规范化范式各自描述不同的规范化要求,彼此没有关系

71. 关系数据库的规范化理论指出:关系数据库中的关系应该满足一定的要求,最起码的要求是达到 1NF,即满足( )。

    A. 每个非主键属性都完全依赖于主键属性

    B. 主键属性唯一标识关系中的元组

    C. 关系中的元组不可重复

    D. 每个属性都是不可分解的

72. 根据关系数据库规范化理论,关系数据库中的关系要满足第一范式,部门(部门号,部门名,部门成员,部门总经理)关系中,因( )属性而使它不满足第一范式。

    A. 部门总经理   B. 部门成员   C. 部门名   D. 部门号

73. 数据库应用系统中的核心问题是（　　　　）。

    A. 数据库设计　　　　　　　　　　　　B. 数据库系统设计

    C. 数据库维护　　　　　　　　　　　　D. 数据库管理员培训

74. 数据库设计的根本目标是要解决（　　　　）。

    A. 数据共享问题　　　　　　　　　　　B. 数据安全问题

    C. 大量数据存储问题　　　　　　　　　D. 简化数据维护

2.2　填空题

1. 关系中没有行序的原因是_____。

2. 关系中不允许有重复元组的原因是_____。

3. 关系模型的基本数据结构是_____，其数据库存储时的基本组织方式是_____。

4. 关系的属性不能进一步分解，这一性质称为属性的_____。

5. 实体完整性规则是对_____的约束，参照完整性规则是对_____的约束。

6. 为实现实体间的联系，建立关系模式时需要使用_____。

7. 设教师关系模式为：教师(编号,姓名,出生年月,职称,从事专业,研究方向)，从教师关系中查询该校所有教授的情况应使用_____关系运算。

8. 数据库的完整性是指数据库中的数据必须始终保持正确、_____和_____。

9. 关系模式的数据完整性包括实体完整性、_____和_____。

10. 关系的实体完整性指数据表中的记录是_____。

11. 关系数据库中有 3 种基本操作，从表中取出满足条件的属性成分操作称为_____，从表中选出满足条件的元组操作称为_____，将两个关系中具有共同属性值的元组连接到一起，构成新表的操作称为_____。

12. 属性的取值范围称作属性的_____。

13. 表是由行和列组成的，行有时也称为_____，列有时也称为_____或字段。

14. 当数据的全局逻辑结构改变时，通过对映像的相应改变可以保持数据的局部逻辑结构不变。这称为数据的_____。

15. 在关系模式 R 中，若属性或属性组 X 不是关系 R 的关键字，但 X 是其他关系模式的关键字，则称 X 为关系 R 的_____。

16. 在关系数据模型中，两个关系 R1 与 R2 之间存在 $1:n$ 的联系，可以通过在一个关系 R2 中的_____在相关联的另一个关系 R1 中检索相对应的记录。

17. 将 E-R 图转换为关系模型，这是数据库设计过程中_____设计阶段的任务。

18. 关系中主关键字的取值必须唯一且非空，这条规则是_____完整性规则。

19. 关系模型中，"关系中不允许出现相同元组"的约束是通过_____实现的。

20. 在一个关系 R 中，若属性集 X 函数决定属性集 Y，则记作为_____，称 X 为_____。

21. 在一个关系 R 中，若 X→Y 且 X⊇Y，则称 X→Y 为_____函数依赖，否则，若 X→Y 且 X⊂Y，则称 X→Y 为_____函数依赖。

22. 在一个关系 R 中，若 X→Y，并且 X 的任何真子集都不能函数决定 Y，则称 X→Y 为_____函数依赖，否则，若 X→Y，并且 X 的一个真子集也能够函数决定 Y，则称 X→Y

为_____函数依赖。

23. 已知"职工号→性别"成立,则"(职工号,性别)→性别"既是_____函数依赖,又是_____函数依赖。

24. 在一个关系 R 中,"职工号→姓名"既是_____函数依赖,又是_____函数依赖。

25. 一个关系的候选码能够函数决定每个属性,其中除了存在完全函数决定外,也允许存在_____函数决定和_____函数决定。

26. 在一个关系 R 中,若 X、Y 和 Z 为互不相同的单属性,并且存在 X→Y 和 Y→Z,则必然存在_____到_____的传递函数依赖。

27. 在一个关系 R 中,若存在"学号→系号,系号→系主任",则隐含存在着_____函数决定_____。

28. 设一个关系为 R(A,B,C,D,E),它的最小函数依赖集为{A→B,B→C,B→D,D→E},则该关系的候选码为_____。

29. 在一个关系 R 中,若 X 能够函数决定关系 R 中的每个属性,并且 X 的任何真子集都不能函数决定 R 中的每个属性,则称 X 为关系 R 的一个_____。

30. 设一个关系为 R(A,B,C,D,E),它的最小函数依赖集为{A→B,A→C,(A,D)→E},则该关系的候选码为_____,该关系存在着_____函数依赖。

31. 设一个关系为 R(A,B,C,D,E),它的最小函数依赖集为{A→B,C→D,(A,C)→E},则该关系的候选码为_____。

32. 设一个关系为 R(A,B,C,D,E),它的最小函数依赖集为{A→B,B→C,D→E},则该关系的候选码为_____。

33. 设一个关系为 R(A,B,C,D,E),它的最小函数依赖集为{A→B,A→C,(C,D)→E},则该关系的候选码为_____。

34. 设一个关系为 R(A,B,C,D,E,F),它的最小函数依赖集为{A→B,A→C,D→E,D→F},则该关系的候选码为_____。

35. 设一个关系为 R(A,B,C,D,E,F,G),它的最小函数依赖集为{A→B,C→D,B→E,E→F},则该关系的候选码为_____。

36. 一个关系若存在部分函数依赖和传递函数依赖,则必然会造成数据_____以及_____、_____和_____异常。

37. 一个关系若存在部分函数依赖和传递函数依赖,则必然会造成_____和_____。

38. 若一个关系的任何非主属性都不部分依赖于任何候选码,则称该关系达到_____。

39. 若一个关系的任何非主属性都不存在部分依赖和传递依赖于任何候选码,则称关系达到_____。

40. 若一个关系的任何属性都不存在部分依赖和传递依赖于任何候选码,则称该关系达到_____。

41. 若一个关系中只有一个候选码,并且该关系达到了 3NF,则表明它同时也达到了_____,该关系中所有属性的_____都是候选码。

42. 设一个关系为 R(A,B,C,D,E)，它的最小函数依赖集为{A→B,C→D,C→E}，该关系只满足_____，若要规范化为高一级的范式，则将得到_____个关系。

43. 设一个关系为 R(A,B,C,D,E)，它的最小函数依赖集为{A→B,A→C,(A,D)→E}，该关系只满足_____，若要规范化为高一级的范式，则将得到_____个关系。

44. 设一个关系为 R(A,B,C,D,E)，它的最小函数依赖集为{A→B,A→C,(C,D)→E}，该关系只满足_____，若要规范化为 3NF，则将得到_____个关系。

45. 设一个关系为 R(A,B,C,D,E)，它的最小函数依赖集为{A→B,A→C,A→D,D→E}，该关系满足_____，若要规范化为高一级的范式，则将得到_____个关系。

46. 设一个关系为 R(A,B,C,D,E)，它的最小函数依赖集为{A→B,A→C,C→D,C→E}，该关系满足_____，若要规范化为高一级的范式，则将得到_____个关系。

47. 设一个关系为 R(A,B,C,D,E,F,G)，它的最小函数依赖集为{A→B,A→C,C→D,C→E,A→F,F→G}，该关系满足_____，若要规范化为高一级的范式，则将得到_____个关系。

48. 设关系模式 R(A,B,C,D)，(A,B)→C,A→D 是 R 的函数依赖关系，并且 A→C、B→C、A→B、B→A 均不成立，则 R 的候选关键属性是_____，为使 R 满足 2NF,应将 R 分解为_____和_____。

49. 设一个关系为 R(A,B,C,D,E)，它的最小函数依赖集为{A→B,A→C,(A,D)→E}，若要把它规范化为 3NF,则将得到的两个关系分别为_____和_____。

50. 设一个关系为 R(A,B,C,D,E,F,G)，它的最小函数依赖集为{A→B,A→C,C→D,C→E,A→F,F→G}，若要规范化为高一级的范式，则得到的每个关系中属性个数按从大到小排列依次为_____、_____和_____。

2.3 问答题

1. 解释下列概念。
(1) 元组、属性、记录、字段。
(2) 候选关键字、主关键字、外部关键字、候选关键属性、关键属性、主属性、非主属性。
(3) 关系、关系模式、关系模型。
(4) 函数依赖、完全函数依赖、部分函数依赖、直接函数依赖、传递函数依赖。
(5) 1NF、2NF、3NF、BCNF。

2. 设 R(A,B,C)={(a_1,b_1,c_1),(a_2,b_2,c_1),(a_3,b_2,c_3)}，S(A,B,C)={(a_2,b_2,c_2),(a_3,b_3,c_4),(a_1,b_1,c_1)}，计算 R∪S、R∩S、R-S 和 $\pi_{(A,B)}$(R)。

3. 为什么外部关键字属性的值可以为空？什么情况下才可以为空？

4. 设有关系模式 R(编号,姓名,出生年月,专业,班级,辅导员)，完成下列各题：
(1) 写出 R 的所有函数依赖关系。
(2) 写出 R 的候选关键字。
(3) R 是 3NF 吗？若不是，对其进行分解。

5. 为什么要进行关系模式的分解？分解的依据是什么？

6. 简述将 E-R 模型转换成关系模型的方法。

7. 试述数据库设计过程。

8. 需求分析阶段的设计目标是什么？调查的内容是什么？

9. 试述数据库设计过程中结构设计部分形成的数据库模式。

10. 什么是数据库的逻辑结构设计？试述其设计步骤。

2.4 应用题

1. 设有关系 R(A,B,C,D)，如表 2-1 所示。

表 2-1 关系 R

A	B	C	D
a_1	b_1	c_1	d_1
a_1	b_2	c_1	d_1
a_1	b_3	c_2	d_1
a_2	b_1	c_1	d_1
a_2	b_2	c_3	d_2

（1）找出其中的所有候选关键字。

（2）关系 R 最高是哪一级范式？

（3）将其无损分解为若干个 3NF 的关系。

2. 某应用涉及以下两个实体集，相关的属性为：

R(A,A_1,A_2,A_3)，其中 A 为关键字。

S(B,B_1,B_2)，其中 B 为关键字。

从实体集 R 到 S 存在多对一的联系，联系属性是 D_1。

（1）设计相应的关系数据模型。

（2）如果将该应用的数据库设计为一个关系模式 RS(A,A_1,A_2,A_3,B,B_1,B_2,D_1)，指出该关系模式的关键字。

（3）假设关系模式 RS 上的全部函数依赖为 $A_1 \rightarrow A_3$，指出关系模式 RS 最高满足第几范式？为什么？

（4）如果将该应用的数据库设计为如下 3 个关系模式：

R_1(A,A_1,A_2,A_3)

R_2(B,B_1,B_2)

R_3(A,B,D_1)

关系模式 R_2 是否一定满足第 3 范式？为什么？

3. 将图 2-4 所示的科研管理 E-R 图转化为关系模型，并对结果进行规范化处理，并利用建立的关系模式，写出：

（1）每个关系的关键字，如果有外部关键字，写出外部关键字。

（2）查询某人参加了哪些科研项目的关系运算。

（3）查询某个科研项目的全体参与人员的关系运算。

4. 表 2-2 给出的关系 R 为第几范式？是否存在操作异常？若存在，则将其分解为高一级范式。分解完成的高级范式中是否可以避免分解前关系中存在的操作异常？

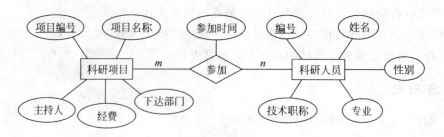

图 2-4 科研管理 E-R 图

表 2-2 关系 R

工程号	材料号	数 量	开工日期	完工日期	造 价
P1	I1	4	2008-5-1	2009-03-1	250
P1	I2	6	2008-5-1	2009-03-1	300
P1	I3	15	2008-5-1	2009-03-1	180
P2	I1	6	2009-11-1	2010-11-1	250
P2	I4	18	2009-11-1	2010-11-1	350

5. 设有关系 R,如表 2-3 所示。

表 2-3 关系 R

姓 名	宿 舍 号	电 话 号 码
张小强	2-103	85585312
封小兵	2-104	85585412
周晓	2-104	85585412
钱力	3-203	85585313
孙力军	3-203	85585313

(1) 它为第几范式? 为什么?

(2) 是否存在删除操作异常? 若存在,则说明是在什么情况下发生的。

(3) 将它分解为高一级范式,分解后的关系是如何解决分解前可能存在的删除操作的异常问题的?

6. 设有关系模式 R(职工编号,日期,日营业额,部门名,部门经理),该模式用于统计商店里的每个职工的日营业额以及职工所在的部门和经理信息。如果规定:每个职工每天只有一个营业额;每个职工只在一个部门工作;每个部门只有一名经理。试回答下列问题:

(1) 根据上述规定,写出模式 R 的基本函数依赖和关键码。

(2) 说明 R 不是 2NF 的理由,并把 R 分解成 2NF 模式集。

(3) 进而分解成 3NF 模式集。

7. 某旅行社设计了一个旅游管理信息系统,其中涉及与业务有关的信息有旅游线路、旅游班次、旅游团、游客、保险、导游、宾馆、交通工具等,试设计 E-R 图,并将其转换为关系模型。

参考答案

2.1 选择题答案

1. D	2. B	3. A	4. B	5. A	6. B	7. C	8. B
9. B	10. D	11. A	12. C	13. D	14. D	15. B	16. D
17. D	18. C	19. A	20. D	21. A	22. A	23. B	24. C
25. A	26. C	27. B	28. A	29. B	30. D	31. C	32. B
33. B	34. A	35. B	36. A	37. D	38. A	39. D	40. B
41. D	42. A	43. D	44. C	45. B	46. B	47. C	48. A
49. D	50. B	51. C	52. D	53. B	54. A	55. B	56. B
57. C	58. B	59. B	60. D	61. B	62. B	63. B	64. D
65. A	66. B	67. A	68. C	69. C	70. C	71. D	72. B
73. A	74. A						

2.2 填空题答案

1. 关系被定义为一个集合
2. 关系中主键值不允许重复
3. 关系(或二维表),文件
4. 原子性(或不可再分性)
5. 主键(或主关键字),外键(或外部关键字)
6. 外部关键字
7. 选择
8. 有效,相容
9. 参照完整性,用户定义完整性
10. 唯一的
11. 投影,选择,连接
12. 域
13. 元组,属性
14. 逻辑独立性
15. 外部关键字
16. 外部关键字
17. 逻辑
18. 实体
19. 主关键字(或候选关键字)
20. X→Y,决定因素
21. 平凡,非平凡
22. 完全,部分
23. 平凡,部分
24. 非平凡,完全
25. 部分,传递
26. X,Z
27. 学号,系主任
28. A
29. 候选码(或候选关键字或候选关键属性)
30. (A,D),部分
31. (A,C)
32. (A,D)
33. (A,D)
34. (A,D)
35. (A,C,B)
36. 冗余,插入,删除,修改
37. 数据冗余,操作异常
38. 2NF(或第2范式)
39. 3NF(或第3范式)
40. BCNF(或BC范式)
41. BCNF(或BC范式),决定因素
42. 1NF(或第1范式),3
43. 1NF(或第1范式),2
44. 1NF(或第1范式),3
45. 2NF(或第2范式),2
46. 2NF(或第2范式),2
47. 2NF(或第2范式),3

79

48. (A,B),R1(A,B,C),R2(A,D)

49. (A,B,C),(A,D,E)　　　　　　50. 4,3,2

2.3　问答题答案

1. 【答】 (1) 二维表格的每一行在关系中称为元组(Tuple),相当于表的一个记录(Record)。二维表格的每一列在关系中称为属性(Attribute),相当于记录中的一个字段(Field)。

(2) 凡在关系中能够唯一区分、确定不同元组的属性或属性组合,称为候选关键字(Candidate Key)。在候选关键字中选定一个作为关键字,称为该关系的主关键字(Primary Key)。如果关系中某个属性或属性组合并非本关系的关键字,但却是另一个关系的关键字,则称这样的属性或属性组合为本关系的外部关键字(Foreign Key)。

设关系模式 $R(A_1,A_2,\cdots,A_n)$,$A_i(i=1,2,\cdots,n)$是 R 的属性,X 是 R 的一个属性组,如果 $X\to(A_1,A_2,\cdots,A_n)$,且对于 X 的任意真子集 X_1,有 $X_1\to(A_1,A_2,\cdots,A_n)$不成立,则称属性组 X 是关系模式 R 的一个候选关键属性。

如果关系模式 R 只有一个候选关键属性,称这唯一的候选关键属性为关键属性,否则,应从多个候选关键属性中指定一个作为关键属性。

设 A_i 是关系模式 R 的一个属性;若 A_i 属于 R 的某个候选关键属性,称 A_i 是 R 的主属性,否则,称 A_i 为非主属性。

(3) 将一个没有重复行、重复列,并且每个行列的交叉点只有一个基本数据的二维表格称作一个关系。关系模式是属性名及属性值域的集合,关系模型是一组相互关联的关系模式的集合。

形式化定义:

给定一组域 D_1、D_2、$\cdots$、D_n,设 $R=\{(d_1,d_2,\cdots,d_n)\,|\,d_i\in D_i,i=1,2,\cdots,n\}$,即 R 是由 n 元组组成的集合,其中每个元组的第 i 个元素取自集合 D_i,称 R 为定义在 D_1、D_2、$\cdots$、D_n 上的一个 n 元关系,可用 $R(D_1,D_2,\cdots,D_n)$表示。其中 R 称为关系的名字,$(d_1,d_2,\cdots,d_n)$称为 R 的一个元组。

设 A_1、A_2、$\cdots$、A_n 是关系 R 的属性,通常用 $R(A_1,A_2,\cdots,A_n)$来表示这个关系的一个框架,也称为 R 的关系模式。属性的名字唯一,属性的取值范围 $D_i(i=1,2,\cdots,n)$称为值域。

(4) 定义1:设有关系模式 $R(A_1,A_2,\cdots,A_n)$或简记为 R(U),X、Y 是 U 的子集,r 是 R 的任一具体关系,如果对 r 的任意两个元组 t_1、t_2,由 $t_1[X]=t_2[X]$导致 $t_1[Y]=t_2[Y]$,则称 X 函数决定 Y,或 Y 函数依赖于 X,记为 $X\to Y$。$X\to Y$ 为模式 R 的一个函数依赖。

定义2:R、X、Y 如定义1所设,如果 $X\to Y$ 成立,但对 X 的任意真子集 X_1,都有 $X_1\to Y$ 不成立,称 Y 完全函数依赖于 X,否则,称 Y 部分函数依赖于 X。

定义3:设 X、Y、Z 是关系模式 R 的不同属性集,若 $X\to Y$(但 $Y\to X$ 不成立),$Y\to Z$,称 X 传递函数决定 Z,或称 Z 传递函数依赖于 X。

定义4:在定义3中,如果 $Y\to X$ 也成立,则称 Z 直接函数依赖于 X,而不是传递函数依赖。

(5) 当关系模式 R 的所有属性都不能分解为更基本的数据元素时,即 R 的所有属性均满足原子特征时,称 R 满足第1范式(1NF)。

如果关系模式 R 满足 1NF,并且 R 的所有非主属性都完全函数依赖于 R 的每一个候选关键属性,称 R 满足第 2 范式(2NF)。

如果关系模式 R 满足 1NF,并且 R 的所有非主属性都不传递函数依赖于 R 的每一个候选关键字,称 R 满足第 3 范式(3NF)。

如果关系模式 R 满足 1NF,且 R 的所有属性都不传递函数依赖于 R 的每一个候选关键字,称 R 满足 BCNF。

2. 【答】　$R \cup S = \{(a_1, b_1, c_1), (a_2, b_2, c_1), (a_3, b_2, c_3), (a_2, b_2, c_2), (a_3, b_3, c_4)\}$

$R \cap S = \{(a_1, b_1, c_1)\}$

$R - S = \{(a_2, b_2, c_1), (a_3, b_2, c_3)\}$

$\pi_{(A,B)}(R) = \{(a_1, b_1), (a_2, b_2), (a_3, b_2)\}$

3. 【答】　外部关键字属性的值可以为空,它表示该属性的值尚未确定,但前提条件是该外部关键字属性不是其所在关系的主属性。

4. 【答】　(1)R 的所有函数依赖关系:

{编号→姓名,编号→出生年月,编号→专业,编号→班级,编号→辅导员,班级→专业,班级→辅导员}

(2) 编号。

(3) R 不是 3NF,应该分解为 R1 和 R2:

R1(编号,姓名,出生年月,班级)

R2(班级,专业,辅导员)

5. 【答】　由于数据之间存在着联系和约束,在关系模式的关系中可能会存在数据冗余和操作异常问题,因此需要对关系模式进行分解,以消除数据冗余和操作异常现象。分解的依据是数据依赖和范式(模式的标准)。

6. 【答】　(1)独立实体到关系模式的转化

一个独立实体转化为一个关系模式,实体的属性即为关系模式的属性,实体名称作为关系模式的名称,实体标识符转化为关系模式的关键属性。

(2) 1∶1 联系到关系模式的转化

若实体间的联系是 1∶1 联系,只要在两个实体类型转化成的两个关系模式中任意一个关系模式中增加另一关系模式的关键属性和联系的属性即可。

(3) 1∶n 联系到关系模式的转化

若实体间的联系是 1∶n 联系,则需要在 n 方(即 1 对多联系的多方)实体的关系模式中增加 1 方实体类型的关键属性和联系的属性,1 方的关键属性作为外部关键属性处理。

(4) m∶n 联系到关系模式的转化

若实体间的联系是 m∶n 联系,则除对两个实体分别进行转化外,还要为联系类型单独建立一个关系模式,其属性为两方实体类型的关键属性加上联系类型的属性,两方实体关键属性的组合作为关键属性。

(5) 多元联系到关系模式的转化

和二元联系的转换类似,3 元联系的转换方法是:

若实体间的联系是 1∶1∶1 联系,只要在 3 个实体类型转化成的 3 个关系模式中任意一个关系模式中增加另两个关系模式的关键属性(作为外部关键属性)和联系的属性即可。

若实体间的联系是 1∶1∶n 联系,则需要在 n 方实体的关系模式中增加两个 1 方实体的关键属性(作为外部关键属性)和联系的属性。

若实体间的联系是 $1:m:n$ 联系,则除对 3 个实体分别进行转化外,还要为联系类型单独建立一个关系模式,其属性为 m 方和 n 方实体类型的关键属性(作为外部关键属性)加上联系类型的属性,m 方和 n 方实体关键属性的组合作为关键属性。

若实体间的联系是 $m:n:p$ 联系,则除对 3 个实体分别进行转化外,还要为联系类型单独建立一个关系模式,其属性为 3 方实体类型的关键属性(作为外部关键属性)加上联系类型的属性,3 方实体关键属性的组合作为关键属性。

三元以上联系到关系模式的转化可以类推。

(6) 自联系到关系模式的转化

自联系指同一个实体集内部实体之间的联系,也称为一元联系。对于自联系,要分清实体在联系中的身份,其余的情况与一般二元关系相同。

7.【答】 数据库设计过程的 5 个阶段:需求分析、设计数据实体的 E-R 图、将 E-R 图转化为二维表、对表进行规范化处理、进行评审。设计一个完善的数据库应用系统往往是上述 5 个阶段的不断反复。

8.【答】 需求分析阶段的设计目标是通过详细调查现实世界要处理的对象(组织、部门、企业等),充分了解原系统(手工系统或计算机系统)工作概况,明确用户的各种需求,然后在此基础上确定新系统的功能。

调查的内容是"数据"和"处理",即获得用户对数据库的要求:

(1) 信息要求。指用户需要从数据库中获得信息的内容与性质。由信息要求可以导出数据要求,即在数据库中需要存储哪些数据。

(2) 处理要求。指用户要完成什么处理功能,对处理的响应时间有什么要求,处理方式是批处理还是联机处理。

(3) 安全性与完整性要求。

9.【答】 数据库结构设计的不同阶段形成数据库的各级模式:

在概念设计阶段形成独立于机器特点,独立于各个 DBMS 产品的概念模式,如 E-R 图;在逻辑设计阶段将 E-R 图转换成具体的数据库产品支持的数据模型,如关系模型,形成数据库逻辑模式;然后在基本表的基础上再建立必要的视图(View),形成数据的外模式;在物理设计阶段,根据 DBMS 特点和处理的需要,进行物理存储安排,建立索引,形成数据库内模式;概念模式是面向用户和设计人员的,属于概念模型的层次;逻辑模式、外模式、内模式是 DBMS 支持的模式,属于数据模型的层次。可以在 DBMS 中加以描述和存储。

10.【答】 数据库的逻辑结构设计就是把概念结构设计阶段设计好的基本 E-R 图转换为与选用的 DBMS 产品所支持的数据模型相符合的逻辑结构。设计步骤如下:

(1) 将概念结构转换为一般的关系、网状、层次模型。

(2) 将转换来的关系、网状、层次模型向特定 DBMS 支持下的数据模型转换。

(3) 对数据模型进行优化。

2.4 应用题答案

1.(1) 候选关键字为 (A, B)。

(2) 该关系最高为 2NF。

(3) 将关系 R 分解为关系 R1 和关系 R2,分别如表 2-4 和表 2-5 所示。

	表 2-4 关系 R1			表 2-5 关系 R2	
A	B	C		C	D
a_1	b_1	c_1		c_1	d_1
a_1	b_2	c_1		c_2	d_1
a_1	b_3	c_2		c_3	d_2
a_2	b_1	c_1			
a_2	b_2	c_3			

2. (1) 相应的关系模型为:

R1(A,A_1,A_2,A_3,B,D_1)

R2(B,B_1,B_2)

(2) 关系模式 RS($A,A_1,A_2,A_3,B,B_1,B_2,D_1$)的关键字是($A,B$)。

(3) RS 满足 2NF,不满足 3NF。因为存在非主属性 A_3 对(A,B)的传递函数依赖,没有部分函数依赖。

(4) 不一定。因为 R_3 中有两个非主属性 B_1 和 B_2,有可能存在函数依赖 $B_1 \rightarrow B_2$,则出现传递函数依赖 $B \rightarrow B_1$、$B_1 \rightarrow B_2$。

3. (1) 转换为等价的关系模型如下:

R1(项目编号,项目名称,主持人,经费,下达部门),项目编号是关键字。

R2(编号,姓名,性别,专业,技术职称),编号是关键字。

R3(项目编号,编号,参加时间),(项目编号,编号)是关键字,项目编号或编号是外部关键字。

(2) 查询某人参加了哪些科研项目的关系运算。

① 对 R1、R2 及 R3 三个关系表进行连接运算,设连接结果关系为 R,则

R=R(R1.项目编号,R1.项目名称,R1.主持人,R1.经费,R1.下达部门,R2.编号,R2.姓名,R2.性别,R2.专业,R2.技术职称,R3.项目编号,R3.编号,R3.参加时间),R 包含了原 3 个关系的全部属性。

② 对①的结果 R 进行选择运算,选择条件是:

R1.项目编号= R3.项目编号 And R2.编号= R3.编号

将①和②合起来通常称为有条件的连接运算,实际运算过程是作为一个运算步骤进行的。

③ 对②的结果进行选择运算,选择条件是:人员编号=欲查询人员的编号。

(3) 查询某个科研项目的全体参与人员。

① 对 R1、R2 及 R3 三个关系表进行连接运算,设连接结果关系为 R,则

R=R(R1.项目编号,R1.项目名称,R1.主持人,R1.经费,R1.下达部门,R2.编号,R2.姓名,R2.性别,R2.专业,R2.技术职称,R3.项目编号,R3.编号,R3.参加时间),R 包含了原 3 个关系的全部属性。

② 对①的结果 R 进行选择运算,选择条件是:

R1.项目编号= R3.项目编号 And R2.编号= R3.编号

①和②合起来通常称为有条件的连接运算,实际运算过程是作为一个运算步骤进行的。

③ 对②的结果进行选择运算,选择条件是:项目编号=欲查询项目的编号。

4. 它为 1NF。因为关系 R 的候选关键字为(工程号,材料号),而非主属性开工日期和完工日期部分函数依赖于候选关键字的子集工程号,所以 R 不是 2NF。

R 存在操作异常,如果工程项目确定后,若暂时未用到材料,则该工程的数据因缺少关键字的一部分(材料号)而不能进入到数据库中,出现插入异常。若某工程下马,则删除该工程的操作也可能丢失材料方面的信息。

将其中的部分函数依赖分解为一个独立的关系,则产生 R1 和 R2 两个 2NF 关系子模式,分别如表 2-6 和表 2-7 所示。

表 2-6 关系 R1

工 程 号	材 料 号	数 量	造 价
P1	I1	4	250
P1	I2	6	300
P1	I3	15	180
P2	I1	6	250
P2	I4	18	350

表 2-7 关系 R2

工 程 号	开 工 日 期	完 工 日 期
P1	2008-5-1	2009-03-1
P2	2009-11-1	2010-11-1

分解后,新工程确定后,尽管还未用到材料,该工程数据可在关系 R2 中插入。某工程数据删除时,仅对关系 R2 操作,也不会丢失材料方面的信息。

5. (1)它是 2NF。因为该关系模式包含 3 个属性:姓名、宿舍号、电话号码,而每个属性都不可再分解,因而满足 1NF,同时,该关系模式的关键字"姓名"是单一属性,其他属性对该属性不存在部分依赖问题,因而满足 2NF。但该关系模式中"电话号码"属性对非主属性"宿舍号"也存在依赖关系,因此存在传递依赖关系"姓名→宿舍号、宿舍号→电话号码",不满足 3NF。

(2) 存在删除操作异常。当删除某个学生数据时会删除不该删除的宿舍的有关信息。

(3) 将 R 分解为高一级范式(3NF),如表 2-8 和表 2-9 所示。

表 2-8 关系 R1

姓 名	宿 舍 号
张小强	2-103
封小兵	2-104
周晓	2-104
钱力	3-203
孙力军	3-203

表 2-9 关系 R2

宿 舍 号	电 话 号 码
2-103	85585312
2-104	85585412
3-203	85585313

分解后,若删除学生数据时,仅对关系 R1 操作,宿舍电话信息在关系 R2 中仍然保留,不会丢失宿舍方面的信息。

6.（1）基本的函数依赖有 3 个：

$$（职工编号，日期）\rightarrow 日营业额$$
$$职工编号\rightarrow 部门名$$
$$部门名\rightarrow 部门经理$$

R 的关键码为（职工编号，日期）。

（2）R 中有两个这样的函数依赖：

$$（职工编号，日期）\rightarrow （部门名，部门经理）$$
$$职工编号\rightarrow （部门名，部门经理）$$

可见前一个函数依赖是局部依赖，所以 R 不是 2NF 模式。R 应分解成：

$$R1（\underline{职工编号}，部门号，部门经理）$$
$$R2（\underline{职工编号，日期}，日营业额）$$

此处，R1 和 R2 都是 2NF 模式。

（3）R2 已是 3NF 模式。在 R1 中存在两个函数依赖：

$$职工编号\rightarrow 部门名$$
$$部门名\rightarrow 部门经理$$

因此，"职工编号→部门经理"是一个传递依赖，R1 不是 3NF 模式。R1 应该分解成：

$$R11（\underline{职工编号}，部门名）$$
$$R12（\underline{部门名}，部门经理）$$

这样，$\rho=\{R11,R12,R2\}$ 是一个 3NF 模式集。

7. E-R 图如图 2-5 所示。

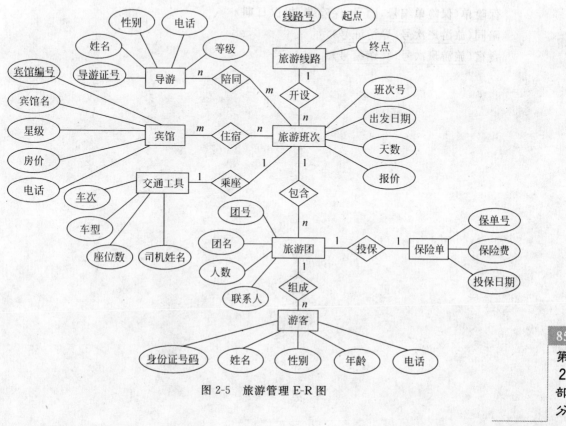

图 2-5　旅游管理 E-R 图

这个 E-R 图有 8 个实体类型,其结构如下:

旅游线路(线路号,起点,终点)

旅游班次(班次号,出发日期,天数,报价)

旅游团(团号,团名,人数,联系人)

游客(身份证号码,姓名,性别,年龄,电话)

导游(导游证号,姓名,性别,电话,等级)

宾馆(宾馆编号,宾馆名,星级,房价,电话)

交通工具(车次,车型,座位数,司机姓名)

保险单(保单号,保险费,投保日期)

这个 E-R 图有 7 个联系类型,其中 2 个是 1∶1 联系,3 个是 1∶n 联系,2 个是 m∶n 联系。根据 E-R 图的转换规则,8 个实体类型转化成 8 个关系模式,2 个 m∶n 联系转化成 2 个关系模式,共 10 个关系模式如下:

旅游线路(线路号,起点,终点)

旅游班次(班次号,线路号,出发日期,天数,报价)

旅游团(团号,旅游班次号,团名,人数,联系人)

游客(身份证号码,团号,姓名,性别,年龄,电话)

导游(导游证号,姓名,性别,电话,等级)

交通工具(车次,车型,座位数,司机姓名)

宾馆(宾馆编号,宾馆名,星级,房价,电话)

保险单(保单号,保险费,投保日期)

保险单(保险单编号,团号,保险费,投保日期)

陪同(旅游班次号,导游证号)

食宿(旅游班次号,宾馆编号)

第 3 章 　Access 2007 操作基础

3.1　选择题

1. Access 是(　　)办公套件中的一个重要组成部分。
   　A. Office　　　　　　B. Word　　　　　　C. Excel　　　　　　D. Lotus
2. Access 的数据库类型是(　　)。
   　A. 层次数据库　　　　　　　　　　　B. 网状数据库
   　C. 关系数据库　　　　　　　　　　　D. 面向对象数据库
3. Access 中表和数据库的关系是(　　)。
   　A. 一个数据库可以包含多个表　　　　B. 一个表只能包含两个数据库
   　C. 一个表可以包含多个数据库　　　　D. 数据库就是数据表
4. Access 2007 数据库文件的扩展名是(　　)。
   　A. dbf　　　　　　　B. mdb　　　　　　C. mdf　　　　　　D. accdb
5. 用于存放数据库数据的是(　　)对象。
   　A. 表　　　　　　　B. 查询　　　　　　C. 窗体　　　　　　D. 报表
6. 数据库文件中至少包含有(　　)对象。
   　A. 表　　　　　　　B. 查询　　　　　　C. 窗体　　　　　　D. 报表
7. 下列属于 Access 对象的是(　　)。
   　A. 文件　　　　　　B. 数据　　　　　　C. 记录　　　　　　D. 查询
8. 在 Access 数据库中,(　　)对象是其他数据库对象的基础。
   　A. 报表　　　　　　B. 查询　　　　　　C. 表　　　　　　　D. 模块
9. 以下不是 Access 2007 数据库对象的是(　　)。
   　A. 查询　　　　　　B. 窗体　　　　　　C. 宏　　　　　　　D. 组合框
10. 在 Access 2007 中,随着打开数据库对象的不同而不同的操作区域称为(　　)。
    　A. 命令选项卡　　　　　　　　　　　B. 上下文命令选项卡
    　C. 导航窗格　　　　　　　　　　　　D. 工具栏
11. Access 2007 通过(　　)进行操作环境设置。
    　A. 打开对话框　　　B. Access 选项　　C. 属性窗口　　　　D. 代码窗口

3.2　填空题

1. Access 是_____办公套件中的一个重要组成部分。
2. 一个 Access 2007 数据库对应于操作系统中的_____个文件,其文件扩展名为_____。

3. Access 2007 数据库包含_____、_____、_____、报表、宏和模块 6 种数据库对象。

4. 在 Access 2007 中,数据库的核心与基础是_____对象。

5. 在 Access 2007 中,用于和用户进行交互的数据库对象是_____。

6. 在 Access 2007 数据库中,用来表示关系的是_____,用来表示实体的是_____。

7. 一个 Access 2007 数据库包含有 3 个表、4 个查询、5 个报表和 2 个窗体,则该数据库共需要_____个文件进行存储。

8. Access 2007 的主界面由标题栏、_____、_____、"开始使用 Microsoft Office Access"页面以及各种类别的数据库模板组成。

9. 在 Access 2007 数据库窗口中,除 Office 按钮、快速访问工具栏外,还有_____、_____、选项卡式文档、编辑区、状态栏、帮助按钮等图形元素。

10. Access 2007 用_____来替代以前的版本中的菜单和工具栏,使操作的起点集中在一个位置。

11. Access 2007 数据库窗口中的"功能区"由_____、_____和各组的命令按钮 3 部分组成。

3.3 问答题

1. Access 2007 的新增功能主要有哪些?
2. Access 2007 的启动和退出各有哪些方法?
3. 在使用 Access 2007 过程中如何自定义快速访问工具栏?
4. Access 2007 的数据库窗口由哪几部分组成?
5. Access 2007 导航窗格有何特点?
6. Access 2007 功能区有何优点?

参 考 答 案

3.1 选择题答案

1. A   2. C   3. A   4. D   5. A   6. A   7. D   8. C
9. D   10. B   11. B

3.2 填空题答案

1. Office
2. 一,.accdb
3. 表,查询,窗体
4. 表
5. 窗体
6. 表,记录
7. 一
8. Office 按钮,快速访问工具栏
9. 功能区,导航窗格
10. 功能区
11. 选项卡,命令组

3.3　问答题答案

1.【答】　Access 2007 的新增功能主要有全新的用户界面、方便实用的模板、扩充的数据管理功能、新的共享数据和展开协作的方式。

2.【答】　Access 2007 的启动方法有多种,常用的方法有两种:

(1) 在 Windows 桌面单击"开始"按钮,然后依次选择"所有程序"→Microsoft Office→Microsoft Office Access 2007 命令选项。

(2) 先在 Windows 桌面建立 Access 2007 的快捷方式,然后双击快捷方式图标。

此外,双击 Access 2007 数据库文件图标也能启动 Access 2007,但这时进入的界面是 Access 2007 数据库窗口。

要退出 Access 2007 的运行,有两种常用的方法。

(1) 单击 Office 按钮 ⊙,弹出 Office 按钮菜单,再单击菜单右下角的"退出 Access"按钮。

(2) 单击 Access 2007 工作窗口右上角的"关闭"按钮 × 。

注意:在 Office 按钮菜单中选择"关闭数据库"命令,只是关闭了数据库而并未关闭 Access 2007 系统。如果当前没有打开的数据库文件,则该命令呈灰色,表示不可用。

3.【答】　单击快速访问工具栏右侧的下拉箭头,将弹出"自定义快速访问工具栏"菜单,选择"其他命令"菜单项,弹出"Access 选项"对话框中的"自定义快速访问工具栏"界面。在其中选择要添加的一个或多个命令,然后单击"添加"按钮。若要删除命令,在右侧的列表中选择该命令,然后单击"删除"按钮。也可以在列表中双击该命令实现添加或删除。完成后单击"确定"按钮。

也可以在 Office 按钮菜单中单击"Access 选项"按钮,然后在弹出的"Access 选项"对话框的左侧窗格中选择"自定义"选项进入"自定义快速访问工具栏"设置界面。

4.【答】　Access 2007 数据库窗口除 Office 按钮、快速访问工具栏外,还有功能区、导航窗格、选项卡式文档、编辑区、状态栏、帮助按钮等图形元素,其中最重要的是功能区和导航窗格。功能区中有多个选项卡,这些选项卡合理地将相关命令组合在一起。位于数据库窗口左侧的导航窗格用于查看和管理数据库对象。

5.【答】　导航窗格取代了早期 Access 版本中所使用的数据库窗口,在打开数据库或创建新数据库时,数据库对象的名称将显示在导航窗格中,包括表、查询、窗体、报表等。在导航窗格可实现对各种数据库对象的操作。

6.【答】　在 Office 2007 以前的版本中,菜单和工具栏是主要的界面元素,而 Office 2007 用全新的功能区来替代。功能区将通常需要使用菜单、工具栏、任务窗格或其他用户界面组件才能显示的任务或入口点集中在一个地方。这样一来,用户只需在一个位置查找命令,而不用到处查找命令。

打开数据库时,功能区显示在 Access 2007 数据库窗口的顶部,由选项卡、命令组和各组的命令按钮 3 部分组成,单击选项卡名称可以打开此选项卡所包含的命令组和相应的命令按钮。

第4章　数据库的创建与管理

4.1　选择题

1. Access 的所有对象都存放在一个（　　）文件中。
   A. 数据表　　　　　B. 数据库　　　　　C. 查询　　　　　D. 窗体
2. 要新建一个资产数据库系统，最快捷的方法是（　　）。
   A. 新建空白数据库　　　　　　　　B. 通过数据库字段模板建立
   C. 通过数据库模板建立　　　　　　D. 先建立 Excel 表格再导入到 Access 中
3. 在 Access 中，空白数据库是指（　　）。
   A. 数据库中数据是空的　　　　　　B. 没有基本表的数据库
   C. 没有窗体、报表的数据库　　　　D. 没有任何数据库对象的数据库
4. 用于存储数据库的默认文件夹（　　）。
   A. 可以根据需要进行修改　　　　　B. 数据库只能存放在默认文件夹中
   C. 每次启动 Access 时都不相同　　D. 不必设定
5. 在修改某个数据库对象的设计之前，一般先创建一个对象副本，这时可以使用对象的（　　）操作实现。
   A. 重命名　　　　　B. 重复创建　　　　　C. 备份　　　　　D. 复制
6. 打开数据库文件的方法有（　　）。
   A. 使用 Office 按钮菜单中的"打开"命令
   B. 单击最近使用过的数据库文件
   C. 在文件夹中双击数据库文件
   D. 以上方法都可以

4.2　填空题

1. 创建 Access 2007 数据库，可以使用_____创建数据库以及创建_____。
2. 数据库属性分为 5 类：_____、摘要、_____、内容和自定义。在 Office 按钮菜单中选择"管理"选项中的_____命令，可以查看数据库的属性。
3. 在对数据库进行操作之前应先_____数据库，操作结束后要_____数据库。
4. 打开数据库文件的 4 种方式是共享方式、只读方式、_____方式、_____方式。
5. 对于表对象，Access 2007 提供了_____视图、数据透视表视图、数据透视图视图和_____视图 4 种视图模式。
6. 设置和删除数据库密码时，必须以_____方式打开数据库，否则将出现错误提示。

7. 在设置或撤销数据库密码的过程中,密码对于字母_____是敏感的。

4.3　问答题

1. 在 Access 2007 中建立数据库有哪些方法?它们各有什么优点?

2. 导航窗格的功能有哪些?简述其操作方法。

3. 数据库对象的操作有哪些?简述其操作方法。

4. 什么叫数据库对象的视图?如何在不同的视图之间进行切换?

5. 数据库的拆分有何作用?

参 考 答 案

4.1　选择题答案

1. B　　2. C　　3. D　　4. A　　5. D　　6. D

4.2　填空题答案

1. 模板,空白数据库　　　　　2. 常规,统计,数据库属性

3. 打开,关闭　　　　　　　　4. 独占,独占只读

5. 数据表,设计　　　　　　　6. 独占

7. 大小写

4.3　问答题答案

1.【答】　在 Access 2007 中,创建数据库有两种方法,一种方法是先建立一个空白数据库,然后向其中添加表、查询、窗体和报表等对象;另一种方法是利用系统提供的模板进行一次性操作来选择数据库类型,并创建所需的表、查询、窗体和报表。

2.【答】　Access 2007 新增了导航窗格,可以使用导航窗格来管理和使用数据库对象。导航窗格的操作方法如下:

(1) 默认情况下,导航窗格位于 Access 2007 数据库窗口的左边,可以通过单击"百叶窗开/关"按钮 « 或 » 显示或隐藏导航窗格。

(2) 导航窗格菜单用于设置或更改该窗格对数据库对象分组所依据的类别,单击"所有 Access 对象"右侧的下三角按钮,将弹出导航窗格菜单,从中可以查看正在使用的类别以及展开的对象。可以按对象类型、表和相关视图、创建日期、修改日期组织对象,或将对象组织在创建的自定义组中。

导航窗格会根据不同的类别作为数据库对象的分组方式。若要展开或关闭组,单击 ⋁ 或 ⋀ 按钮。当更改浏览类别时,组名会随着发生改变。在给定组中只会显示逻辑上属于该位置的对象,如按对象类型分组时,"表"组仅显示表对象、"查询"组仅显示查询对象。

(3) 右击导航窗格中"所有 Access 对象"栏目弹出导航窗格快捷菜单,利用这些命令可以执行其他任务,如可以更改类别、对窗格中的项目进行排序、查看组中对象的详细信息、启动"导航选项"对话框等。在导航窗格底部的空白处右击也可以弹出此菜单。

(4) 右击导航窗格中的任何对象将弹出快捷菜单,可以进行一些相关操作,如数据库对象的打开、复制、删除和重命名等。所选对象的类型不同,快捷菜单命令也会不同。例如,右击导航窗格中的表对象,快捷菜单中的命令与表操作有关。

3.【答】 (1)打开与关闭数据库对象

当需要打开数据库对象时,可以在导航窗格中选择一种组织方式,然后双击对象将其直接打开。也可以在对象的快捷菜单中选择"打开"命令打开相应的对象。

如果打开了多个对象,则这些对象都会出现在选项卡式文档窗口中,只要单击需要的文档选项卡就可以将对象的内容显示出来。

若要关闭数据库对象,可以单击相应对象文档窗口右端的"关闭"按钮,也可以右击相应对象的文档选项卡,在弹出的快捷菜单中选择"关闭"命令。

(2)添加数据库对象

如果需要在数据库中添加一个表或其他对象,可以采用新建的方法。如果要添加表,还可以采用导入数据的方法创建一个表。即在"表"对象快捷菜单中选择"导入"命令,可以将数据库表、文本文件、Excel 工作簿和其他有效数据源导入 Access 数据库中。

(3)复制数据库对象

一般在修改某个对象的设计之前,创建一个副本可以避免因操作失误而造成损失。一旦操作发生差错,可以使用对象副本还原对象。例如,要复制表对象可以打开数据库,然后在导航窗格中的表对象中选中需要复制的表,右击,在弹出的快捷菜单中选择"复制"命令。再右击,在快捷菜单中选择"粘贴"命令,即生成一个表副本。

(4)数据库对象的其他操作

通过数据库对象快捷菜单,还可以对数据库对象实施其他操作,包括数据库对象的重命名、删除、查看数据库对象属性等。删除数据库对象前必须先将此对象关闭。

4.【答】 在创建和使用数据库对象的过程中,查看数据库对象的方式称为视图,而且不同的数据库对象有不同的视图方式。以表对象为例,Access 2007 提供了数据表视图、数据透视表视图、数据透视图视图和设计视图 4 种视图模式,其中前 3 种用于表中数据的显示,后一种用于表的设计。

在进行视图切换之前首先要打开一个数据库对象(如打开一个表),然后有多种方法。

(1)单击"开始"选项卡,在"视图"命令组中单击"视图"命令按钮,可以从弹出的下拉菜单中选择不同的视图方式。此外,在相应对象的上下文命令选项卡中也可以找到"视图"按钮。

(2)在选项卡式文档中右击相应对象的名称,然后在弹出的快捷菜单中选择不同的视图方式。

(3)单击状态栏右侧的视图切换按钮选择不同的视图方式。

5.【答】 所谓数据库的拆分,是将当前数据库拆分为后端数据库和前端数据库。后端数据库包含所有表并存储在文件服务器上。与后端数据库相链接的前端数据库包含所有查询、窗体、报表、宏和模块,前端数据库将分布在用户的工作站中。

当需要与网络上的多个用户共享数据库时,如果直接将未拆分的数据库存储在网络共享位置中,则在用户打开查询、窗体、报表、宏和模块时,必须通过网络将这些对象发送到使用该数据库的每个用户。如果对数据库进行拆分,每个用户都可以拥有自己的查询、窗体、报表、宏和模块副本,仅有表中的数据才需要通过网络发送。因此,拆分数据库可大大提高数据库的性能。进行数据库的拆分还能提高数据库的可用性,增强数据库的安全性。

第 5 章　表的创建与管理

5.1　选择题

1. 下面有关表的叙述中错误的是(　　)。
   - A. 表是 Access 数据库中的重要对象之一
   - B. 表设计视图的主要工作是设计表的结构
   - C. Access 数据库的各表之间相互独立
   - D. 可以将其他数据库的表导入到当前数据库中

2. 表的组成内容包括(　　)。
   - A. 查询和字段
   - B. 字段和记录
   - C. 记录和窗体
   - D. 报表和字段

3. 一个元组对应表中(　　)。
   - A. 一个字段
   - B. 一个域
   - C. 一个记录
   - D. 多个记录

4. 在 Access 中,字段的命名规则是(　　)。
   - A. 字段名长度为 1～64 个字符
   - B. 字段名可以包含字母、汉字、数字、空格和其他字符
   - C. 字段名不能包含句号(。)、惊叹号(!)、方括号([])和单引号(')
   - D. 以上命名规则都是

5. Access 字段名的最大长度为(　　)字节。
   - A. 32
   - B. 64
   - C. 128
   - D. 256

6. Access 字段名可包含的字符是(　　)。
   - A. 。
   - B. !
   - C. 空格
   - D. []

7. Access 表中字段的数据类型不包括(　　)。
   - A. 货币型
   - B. 通用型
   - C. 备注型
   - D. 日期/时间型

8. 如果字段内容为声音文件,则该字段的数据类型应定义为(　　)。
   - A. 文本
   - B. 备注
   - C. 超链接
   - D. OLE 对象

9. True/False 数据属于(　　)。
   - A. 文本类型
   - B. 是/否类型
   - C. 备注类型
   - D. 数字类型

10. OLE 对象数据类型的字段存放二进制数的方式是(　　)。
    - A. 链接
    - B. 嵌入
    - C. 链接或嵌入
    - D. 不能存放二进制数据

11. 如果有一个长度为 2KB 的文本块要存入某一字段则该字段的数据类型应是(　　)。
    - A. 字符型
    - B. 文本型
    - C. 备注型
    - D. OLE 对象

12. 如果要在数据表的某字段中存放图像数据,则该字段应设为(　　)。

    A. 文本型　　　　　B. 数字型　　　　　C. 备注型　　　　　D. 附件型

13. 在 Access 数据库系统中,不能建立索引的数据类型是(　　)。

    A. 文本型　　　　　B. 备注型　　　　　C. 数值型　　　　　D. 日期/时间型

14. 表中要添加 Internet 站点的网址,则该采用的字段类型是(　　)。

    A. OLE 对象类型　　　　　　　　　　B. 超链接类型

    C. 查阅向导类型　　　　　　　　　　D. 自动编号类型

15. 文本型字段最多可以存放(　　)字节。

    A. 50　　　　　　　B. 252　　　　　　C. 255　　　　　　D. 256

16. Access 中字段的"小数位"属性被用来指定(　　)型数据的小数部分的位数。

    A. 货币和数字　　　B. 货币和备注　　　C. 文本和数字　　　D. 数字和备注

17. 一般使用(　　)建立表结构,要定义每个字段的名称、数据类型和大小。

    A. 数据表视图　　　B. 设计视图　　　　C. 表向导视图　　　D. 数据库视图

18. 在 Access 数据库的表设计视图中,不能进行的操作是(　　)。

    A. 修改字段类型　　B. 设置索引　　　　C. 增加字段　　　　D. 删除记录

19. 在数据表视图中,不能(　　)。

    A. 修改字段的类型　　　　　　　　　B. 修改字段的名称

    C. 删除一个字段　　　　　　　　　　D. 删除一条记录

20. 在表设计视图中,如果要限定数据的显示格式,应修改字段的(　　)属性。

    A. 格式　　　　　　B. 有效性规则　　　C. 输出格式　　　　D. 字段大小

21. 下面叙述中不正确的是(　　)。

    A. 字段大小可用于设置文本、数字或自动编号等类型字段的最大容量

    B. 可对任意类型的字段设置默认值属性

    C. 不同的字段类型,其字段属性有所不同

    D. 有效性规则属性是用于限制此字段输入值的表达式

22. 在关于输入掩码的叙述中错误的是(　　)。

    A. 在定义字段的输入掩码时,既可以使用输入掩码向导,也可以直接使用字符

    B. 定义字段的输入掩码,是为了设置密码

    C. 输入掩码中的字符 0 表示可以选择输入数字 0～9 之间的一个数

    D. 直接使用字符定义输入掩码时,可以根据需要将字符组合起来

23. 字段说明用于对字段做进一步的描述,该说明显示在(　　)上。

    A. 状态栏　　　　　B. 工具栏　　　　　C. 菜单栏　　　　　D. 标题栏

24. 定义某一个字段的默认值的作用是(　　)。

    A. 当数据不符合有效性规则时所显示的信息

    B. 不允许字段的值超出某个范围

    C. 在未输入数值之前,系统自动提供数值

    D. 系统自动把小写字母转换为大写字母

25. 一般情况下,可以作为主关键字的字段是(　　)。

    A. 基本工资　　　　B. 职称　　　　　　C. 姓名　　　　　　D. 身份证号码

26. 下面有关主键的叙述中正确的是(　　　)。

　　A. 不同的记录可以具有重复的主键值或空值

　　B. 一个表中的主键可以是一个或多个字段

　　C. 在一个表中的主键只可以是一个字段

　　D. 表中的主键的数据类型必须定义为自动编号或文本

27. 在 Access 表中,可以定义 3 种主关键字,它们是(　　　)。

　　A. 单字段、双字段和多字段　　　　　　B. 单字段、双字段和自动编号

　　C. 单字段、多字段和自动编号　　　　　　D. 双字段、多字段和自动编号

28. 以下关于自动编号数据类型的叙述中错误的是(　　　)。

　　A. 每次向表中添加新记录时,Access 会自动插入唯一顺序号

　　B. 自动编号数据类型一旦被指定,就会永久地与记录关联

　　C. Access 会对表中自动编号型字段重新编号

　　D. 占 4 字节的空间

29. 在员工表中,"姓名"字段的字段大小为10,在此列输入数据时,最多可输入的汉字数和英文字符数分别是(　　　)。

　　A. 5,5　　　　　　B. 5,10　　　　　　C. 10,10　　　　　　D. 10,20

30. 可以选择输入数据或空格的输入掩码是(　　　)。

　　A. 0　　　　　　B. 9　　　　　　C. A　　　　　　D. C

31. 可以选择输入数据或空格(在编辑模式下以空格显示,但是在保存数据时将空格删除,允许输入加号和减号)的输入掩码是(　　　)。

　　A. 0　　　　　　B. 9　　　　　　C. #　　　　　　D. C

32. 必须输入字母的输入掩码是(　　　)。

　　A. 0　　　　　　B. &　　　　　　C. #　　　　　　D. L

33. 可以选择输入字母的输入掩码是(　　　)。

　　A. 0　　　　　　B. &　　　　　　C. L　　　　　　D. ?

34. 必须输入字母或数字的输入掩码是(　　　)。

　　A. 0　　　　　　B. &　　　　　　C. A　　　　　　D. C

35. 可以选择输入字母或数字的输入掩码是(　　　)。

　　A. 0　　　　　　B. &　　　　　　C. L　　　　　　D. a

36. 必须输入任何的字符或一个空格的输入掩码是(　　　)。

　　A. 0　　　　　　B. &　　　　　　C. A　　　　　　D. C

37. 可以选择输入任何的字符或一个空格的输入掩码是(　　　)。

　　A. 0　　　　　　B. &　　　　　　C. A　　　　　　D. C

38. 将所有字符转换为大写的输入掩码是(　　　)。

　　A. >　　　　　　B. <　　　　　　C. \　　　　　　D. A

39. 在员工表中,若要确保输入的联系电话只能为 8 位数字,应将该字段的输入掩码设置为(　　　)。

　　A. 00000000　　　　　　　　　　B. 99999999

　　C. ########　　　　　　　　　　D. ????????

40. 邮政编码是由 6 位数字组成的字符串,为邮政编码设置输入掩码,正确的是(   )。

    A. 000000　　　　B. 999999　　　　C. CCCCCC　　　　D. LLLLLL

41. 若设置字段的输入掩码为"＃＃＃＃-＃＃＃＃＃＃",该字段正确的输入数据是(   )。

    A. 0755-123456　　　　　　　　　　B. 0755-abcdef

    C. abcd-123456　　　　　　　　　　D. ＃＃＃＃-＃＃＃＃＃＃

42. 在 Access 数据库中,为了保持表之间的关系,要求在子表(从表)中添加记录时,如果主表中没有与之相关的记录,则不能在子表(从表)中添加改记录,为此需要定义的关系是(   )。

    A. 输入掩码　　B. 有效性规则　　C. 默认值　　D. 参照完整性

43. 如果"成绩"字段的取值范围为 0~100,则错误的有效性规则是(   )。

    A. >=0 And <=100　　　　　　B. [成绩]>=0 And [成绩]<=100

    C. 成绩>=0 And 成绩<=100　　　D. 0<=[成绩]<=100

44. 下面关于 Access 表的叙述中错误的是(   )。

    A. 在 Access 表中,可以对备注型字段进行"格式"属性设置

    B. 若删除表中含有自动编号型字段的一条记录后,Access 不会对表中自动编号型字段重新编号

    C. 创建表之间的关系时,应关闭所有打开的表

    D. 可在 Access 表的设计视图"说明"列中,对字段进行具体的说明

45. 下列关于字段属性的说法中错误的是(   )。

    A. 不同的字段类型,其字段属性有所不同

    B. 有效性规则属性是用来限制该字段输入值的表达式

    C. 任何类型的字段都可以设置默认值属性

    D. 一个表只能设置一个主键,但可以设置多个索引

46. 下列关于建立索引的说法中正确的是(   )。

    A. 建立索引就是创建主键

    B. 只能用一个字段创建索引,不可以用多个字段组合起来创建索引

    C. 索引是对表中的字段数据进行物理排序

    D. 索引可以加快对表中的数据进行查询的速度

47. 数据库中,当一个表的字段数据取自与另一个表的字段数据时,最好采用(   )方法来输入数据。

    A. 直接输入数据

    B. 把该字段的数据类型定义为查阅向导,利用另一个表的字段数据创建一个查阅列表,通过选择查阅列表的值进行输入数据

    C. 不用查阅列表值输入,只能直接输入数据

    D. 只能用查阅列表值输入,不能直接输入数据

48. 在设计 Access 数据表时,索引属性有(   )种取值。

    A. 1　　　　B. 2　　　　C. 3　　　　D. 4

49. 下列关于表的设计原则的说法中错误的是(　　)。

    A. 表中每一列必须是类型相同的数据

    B. 表中每一字段必须是不可再分的数据单元

    C. 表中的行、列次序不能任意交换,否则会影响存储的数据

    D. 同一个表中不能有相同的字段,也不能有相同的记录

50. Access 数据库中的"一对多"指的是(　　)。

    A. 一个字段可以有许多输入项

    B. 一条记录可以与不同表中的多条记录相关

    C. 一个表可以有多个记录

    D. 一个数据库可以有多个表

51. 在 Access 中,将员工表中的"姓名"与工资标准表中的"姓名"建立关系,且两个表中的记录都是唯一的,则这两个表之间的关系是(　　)。

    A. 一对一　　　　B. 一对多　　　　C. 多对一　　　　D. 多对多

52. 如果通讯录表和籍贯表通过各自的"籍贯代码"字段建立了一对多的关系,则一方表是(　　)。

    A. 通讯录表　　　B. 籍贯表　　　　C. 都是　　　　D. 都不是

53. 在同一学校里,人事部门的教师表和财务部门的工资表的关系是(　　)。

    A. 一对一　　　　B. 一对多　　　　C. 多对一　　　　D. 多对多

54. 下列说法中错误的是(　　)。

    A. 文本型字段最多为 255 个字符

    B. Access 数据库的各表之间相互独立

    C. 在创建一对一关系时,要求两个表的相关字段都是主关键字

    D. 如果某个字段的取值只有两个,则可以把它定义为是/否类型

55. 下列说法中正确的是(　　)。

    A. 数据库中的每张表,都必须具有一个主关键字段

    B. 一个数据表只能建立一个索引

    C. 已创建的表间关系不能删除

    D. 可以同时对数据表中的多个字段进行排序

56. 假设数据库中表 A 与表 B 建立了"一对多"关系,表 B 为"多"方,则下述说法中正确的是(　　)。

    A. 表 A 中的一个记录能与表 B 中的多个记录匹配

    B. 表 B 中的一个记录能与表 A 中的多个记录匹配

    C. 表 A 中的一个字段能与表 B 中的多个字段匹配

    D. 表 B 中的一个字段能与表 A 中的多个字段匹配

57. 下列选项中,不是设置表间"关系"时的选项是(　　)。

    A. 实施参照完整性　　　　　　　　B. 级联追加相关记录

    C. 级联更新相关字段　　　　　　　D. 级联删除相关记录

58. 要求主表中没有相关记录时就不能将记录添加到相关表中,则应该在表关系中设置(　　)。

    A. 参照完整性　　　　　　　　　　B. 有效性规则

    C. 输入掩码   D. 级联更新相关字段

59. 在 Access 中,如果不想显示数据表中的某些字段,可以使用的命令是(　　)。

    A. 隐藏   B. 删除   C. 冻结   D. 筛选

60. 通配符"#"的含义是(　　)。

    A. 通配任意个数的字符   B. 通配任何单个字符

    C. 通配任意个数的数字字符   D. 通配任何单个数字字符

61. 排序时如果选取了多个字段,则输出结果是(　　)。

    A. 按设定的优先次序依次进行排序   B. 按最右边的列开始排序

    C. 按从左向右优先次序依次排序   D. 无法进行排序

62. 对数据表进行筛选操作,结果是(　　)。

    A. 只显示满足条件的记录,将不满足条件的记录从表中删除

    B. 显示满足条件的记录,并将这些记录保存在一个新表中

    C. 只显示满足条件的记录,不满足条件的记录被隐藏

    D. 将满足条件的记录和不满足条件的记录分为两个表进行显示

63. 在 Access 的数据表中删除一条记录,被删除的记录(　　)。

    A. 可以恢复到原来设置   B. 被恢复为最后一条记录

    C. 被恢复为第一条记录   D. 不能恢复

5.2　填空题

1. 表是 Access 数据库的基础,是_____的地方。

2. 表的组成包括_____和表的内容。

3. Access 表结构设计窗口分为两个部分,上半部分是_____,下半部分是_____。

4. Access 表结构设计窗口中上半部分的表设计器是由_____、_____和说明 3 列组成。

5. 在 Access 中,定义表的字段就是确定表的结构,即确定表中字段的_____、_____、属性和说明等。

6. 在学生表中有"助学金"字段,其数据类型可以是数字型或_____。

7. 在员工表中有"性别"字段,其数据类型除文本型外,还可以是_____。

8. 货币数据类型等价于_____的数字数据类型。

9. 在人事表中,"简历"字段的数据类型应当是_____。

10. 当向表中添加新记录时,Access 不再使用已删除的_____字段的数值。

11. 在 Access 数据库中,文本型字段和备注型字段可以用于保存_____,数值型字段则只允许保存_____。

12. Access 中字段的"小数位数"属性是指定数字型和_____数据的小数部分的位数,它只影响数据的_____,并不影响所存储数值的_____。

13. 如果某一字段数据类型为文本型,字段大小为 8,则该字段中最多可输入_____个汉字。

14. 能够唯一标识表中每条记录的字段称为_____。

15. _____的作用是规定输入到字段中的数据的范围,_____的作用是当输入的

数据不在规定范围时显示相应的提示信息,帮助用户更正所输入的数据。

16. _____ 的作用是规定数据的输入格式,提高数据输入的正确性。

17. 某学校学生的学号由 9 位数字组成,其中不能包含空格,则"学号"字段正确的输入掩码是_____。

18. 用于建立两表之间关系的两个字段必须具有相同的_____。

5.3 问答题

1. 文本型字段和备注型字段有什么区别? OLE 对象型字段和附件型字段有什么区别?

2. 简述 Access 2007 中创建表的方法。

3. Access 表的字段有哪两类属性? 分别列举常用属性的作用。

4. 如何将一个字段设置为主键? 如何设置多字段主键?

5. 什么叫筛选? Access 2007 提供了哪几种筛选方法? 各种方法有什么特点?

6. 如何修改自动编号? 为什么自动编号字段会不连续?

7. 表间关系的作用是什么?

8. 创建关系时应该遵循哪些原则?

9. 在表关系中,"参照完整性"的作用是什么?"级联更新相关字段"和"级联删除相关字段"各起什么作用?

5.4 应用题

订货管理数据库有 4 个表:

仓库(仓库号,城市,面积)

职工(仓库号,职工号,工资)

订购单(职工号,供应商号,订购单号,订购日期)

供应商(供应商号,供应商名,地址)

各个表的记录实例分别为表 2-10～表 2-13 所示。

表 2-10　仓库表

仓 库 号	城　　市	面　　积
WH1	北京	370
WH2	上海	500
WH3	广州	200
WH4	武汉	400

表 2-11　职工表

仓 库 号	职 工 号	工　　资
WH2	E1	1820
WH1	E3	1810
WH2	E4	1850
WH3	E6	1830
WH1	E7	1850

表 2-12 订购单表

职 工 号	供 应 商 号	订 购 单 号	订 购 日 期
E3	S7	OR67	2010-06-23
E1	S4	OR73	2010-07-28
E7	S4	OR76	2010-05-25
E6	Null	OR77	Null
E3	S4	OR79	2010-06-13
E1	Null	OR80	Null
E3	Null	OR90	Null

注：Null 是空值，这里的意思是还没有确定供应商，自然也就没有确定订购日期。

表 2-13 供应商表

供 应 商 号	供 应 商 名	地 址
S3	振华电子厂	西安
S4	华通电子公司	北京
S6	607 厂	郑州
S7	爱华电子厂	北京

完成下列操作：

(1) 创建订货数据库。

(2) 在数据库中创建所有的表，并输入记录数据。

(3) 创建表间关系，并设置表的参照完整性。

参 考 答 案

5.1 选择题答案

1. C	2. B	3. C	4. D	5. B	6. C	7. B	8. D
9. B	10. C	11. C	12. D	13. B	14. B	15. C	16. A
17. B	18. D	19. A	20. A	21. B	22. B	23. A	24. C
25. D	26. B	27. C	28. C	29. C	30. B	31. C	32. D
33. D	34. C	35. D	36. B	37. D	38. A	39. A	40. A
41. A	42. D	43. D	44. A	45. C	46. D	47. B	48. C
49. C	50. B	51. A	52. B	53. A	54. B	55. D	56. A
57. B	58. D	59. A	60. D	61. C	62. C	63. D	

5.2 填空题答案

1. 存放数据

2. 表结构

3. 表设计器,字段属性

4. 字段名称,数据类型

5. 名称,类型

6. 货币型

7. 是/否型

8. 双精度

9. 备注型

10. 自动编号型

11. 文本或数字,数字

12. 货币型,显示方式,精度

13. 8　　　　　　　　　　14. 主键(或主关键字)

15. 有效性规则,有效性文本　　16. 输入掩码

17. 000000000　　　　　　　18. 数据类型

5.3　问答题答案

1.【答】　文本型字段可以保存文本或文本与数字的组合,也可以是不需要计算的数字。设置"字段大小"属性可控制文本型字段能输入的最大字符个数,最多为 255 个字符(字节),默认是 50 个字符,但一般输入时,系统只保存输入到字段中的字符。如果取值的字符个数超过了 255,可使用备注型。

备注型字段可保存较长的文本,允许存储的最多字符个数为 65 535。在备注型字段中可以搜索文本,但搜索速度较在有索引的文本字段中慢。不能对备注型字段进行排序和索引。

OLE 对象型是指字段允许单独地链接或嵌入 OLE 对象。添加数据到 OLE 对象型字段时,Access 给出以下选择:插入(嵌入)新对象、插入某个已存在的文件内容或链接到某个已存在的文件。每个嵌入对象都存放在数据库中,而每个链接对象只存放于最初的文件中。可以链接或嵌入表中的 OLE 对象是指其他使用 OLE 协议程序创建的对象。OLE 对象字段最大可为 1GB,它受磁盘空间限制。

使用附件可以将整个文件嵌入到数据库当中,这是将图片、文档和其他文件和与之相关的记录存储在一起的重要方式,但附件限制数据库的大小最大为 2GB。使用附件可以将多个文件存储在单个字段中,甚至还可以将多种类型的文件存储在单个字段中。

2.【答】　在 Access 2007 中创建表的方法有 4 种:使用设计视图创建表、使用数据表视图创建表、使用表模板创建表和通过导入外部数据创建表。

使用设计视图创建表是一种比较常见的方法。对于较为复杂的表,通常都是在设计视图中创建的。

在数据表视图中,可以新创建一个空表,并可以直接在新表中进行字段的添加、删除和编辑。新建一个数据库时,将创建名为"表 1"的新表,并自动进入数据表视图中。

创建"联系人"、"任务"、"问题"、"事件"或"资产"表时,可以使用 Access 2007 内置的关于这些主题的表模板。

可以通过导入自其他位置存储的数据来创建表。例如,可以导入 Excel 工作表、SharePoint 列表、XML 文件、其他 Access 数据库、文本文件以及其他数据源中存储的信息。

3.【答】　字段属性包括常规属性和查阅属性。

字段常规属性用于对已指定数据类型的字段做进一步的说明,它定义了字段数据的保存、处理或显示方式。字段大小属性可以控制字段使用的空间大小。格式属性只影响数据的显示格式,并不影响其在表中存储的内容。输入掩码强制实现某种输入模式,使数据的输入更方便。默认值是在输入新记录时自动取定的数据内容。有效性规则是给字段输入数据时所设置的约束条件。有效性文本定义了当输入的数据违反了有效性规则时,系统显示的提示信息。索引能加速在表中查找和排序的速度。

如果某字段值是一组固定数据,字段的查阅属性可将这组固定值设置为一个列表,输入时直接从列表中选择,既可以提高输入效率,也可以减少输入差错。"查阅向导"常用于将字段设置为查阅值列表或查阅已有数据,帮助用户方便地设置字段的查阅属性。

4.【答】　要将一个字段设置为表的主键,可以单击该字段行前的字段选定器以选中该字段,这时字段选定器背景为黑色。然后右击,在快捷菜单中选择"主键"命令,或者单击"表

工具 设计"选项卡,在"工具"命令组中单击"主键"命令按钮。设置完成后,在该字段选定器上出现钥匙图标 ,表示该字段是主键。

将多个字段同时设为主键的方法是:先选中一个字段行,然后在按住 Ctrl 键的同时选择其他字段行,这时多个字段被选中。单击"表工具 设计"选项卡,在"工具"命令组中单击"主键"命令按钮。设置完成后,在各个字段的字段选定器上都出现钥匙图标 ,表示这些字段的组合是该表的主键。

5.【答】 从表中挑选出满足某种条件的记录称为记录的筛选。Access 2007 提供了 4 种筛选记录的方法,分别是按内容筛选、按条件筛选、按窗体筛选以及高级筛选。

按内容筛选是一种最简单的筛选方法,使用它可以很容易地找到包含某字段值的记录。

按条件筛选是一种较灵活的方法,根据输入的条件进行筛选。

按窗体筛选是一种快速的筛选方法,使用它不用浏览整个表中的记录,还可以同时对两个以上字段值进行筛选。

高级筛选不仅可以筛选出满足复杂条件的记录,而且还可以对筛选的结果进行排序。

6.【答】 自动编号由系统自动生成的,不可以通过代码或输入修改自动编号字段的值。每当向表中添加一条新记录时,由 Access 指定一个唯一的顺序号或随机数,当用户删除记录后,Access 仍会把原来的最大记录号加 1 或选随机号作为新值,所以会出现编号不连续的情况。

7.【答】 表间的关系的主要作用是将两个或多个表联结成一个有机整体,使多个表中的字段协调一致,获取更全面的数据信息。

8.【答】 应遵循如下原则:如果仅有一个相关字段是主键或具有唯一索引,则创建一对多关系;如果两个相关字段都是主键或唯一索引,则创建一对一关系;多对多关系实际上是某两个表与第三个表的两个一对多关系,第三个表的主键包含两个字段,分别是前两个表的外键。

9.【答】 "参照完整性"的作用是限制两个表之间的数据,使两个表之间的数据符合一定的要求。"级联更新相关字段"的作用是:当修改主表中某条记录的值时,从表中相应记录的值自动发生相应的变化。"级联删除相关字段"的作用是:当删除主表中某条记录时,从表中的相应记录自动删除。

5.4 应用题答案

【答】 操作步骤如下:

(1) 启动 Access 2007,在 Access 2007 主界面单击 Office 按钮,在弹出的菜单中单击"新建"命令,或在"开始使用 Microsoft Office Access"页面中单击"空白数据库"按钮,此时在页面右侧出现空白数据库文件名区域。在"文件名"文本框中输入文件名"订货管理",再设置数据库的存放位置,然后单击"创建"按钮,完成"订货管理"空白数据库的创建。

(2) 在"订货管理"数据库窗口中,切换至"创建"选项卡,在"表"命令组中单击"表设计"命令按钮,打开表的设计视图。分别设置各表的字段名称、数据类型和说明以及字段属性,并设置表的主键,将表保存。

(3) 在"订货管理"数据库窗口,切换至"数据库工具"选项卡,在"显示/隐藏"命令组中单击"关系"命令按钮,打开"关系"窗口,然后在"关系"命令组中单击"显示表"命令按钮,打开"显示表"对话框。在"显示表"对话框中,将各表添加到"关系"窗口,关闭"显示表"对话框。然后,在"编辑关系"对话框中建立表间的关系并设置参照完整性。

第6章 查询的创建与操作

6.1 选择题

1. 以下关于选择查询的叙述,错误的是(   )。
   A. 查询的结果是一组静态的数据集合
   B. 可以对查询记录进行总计、计数和平均等计算
   C. 可以对记录进行分组
   D. 根据查询条件,从一个或多个表中获取数据并显示结果

2. 以下关于查询的叙述中正确的是(   )。
   A. 只能根据数据表创建查询   B. 只能根据已建查询创建查询
   C. 可以根据数据表和已建查询创建查询   D. 不能根据已建查询创建查询

3. 假设表中有一个"姓名"字段,查找"姓名"为"张三"或"李四"的记录的条件是(   )。
   A. In("张三","李四")   B. "张三" And "李四"
   C. Like("张三","李四")   D. Like"张三" And Like "李四"

4. 如果要查询前面 30 天之内参加工作的记录,应在"条件"行输入(   )。
   A. <Date()−30   B. Between Date()−30 And Date()
   C. >Date()−30   D. >Date()−30 Or <Date()

5. 条件 Like t[iou]p 将查找(   )。
   A. tap   B. top   C. tioup   D. tiup

6. 在一个 Access 的表中有"专业"字段,要查找有关"信息"专业的记录,正确的条件表达式是(   )。
   A. =Left([专业],2)="信息"   B. Like " * 信息 * "
   C. =" * 信息 * "   D. Mid([专业],2)="信息"

7. 如果在查询的条件中使用了通配符方括号"[]",它的含义是(   )。
   A. 通配任意长度的字符   B. 通配不在括号内的任意字符
   C. 通配方括号内列出的任一单个字符   D. 错误的使用方法

8. 要将选课成绩表中学生的成绩取整,可以使用(   )。
   A. Abs([成绩])   B. Int([成绩])   C. Sqr([成绩])   D. Sgn([成绩])

9. 运算符"In"的含义是用于指定(   )。
   A. 一个字段值的范围,指定的范围之间用 And 连接
   B. 一个字段值的列表,列表中的任一值都可与查询的字段相匹配
   C. 一个字段为空
   D. 一个字段为非空

10. 可以判定某个日期表达式能否转换为日期或时间的函数是（   ）。

    A. CDate   B. IsDate   C. Date   D. IsText

11. 操作查询包括（   ）。

    A. 选择查询、普通查询、更新查询和追加查询

    B. 生成表查询、删除查询、更新查询和追加查询

    C. 选择查询、参数查询、更新查询和生成表查询

    D. 生成表查询、更新查询、删除查询和交叉表查询

12. 以下不属于操作查询的是（   ）。

    A. 生成表查询   B. 更新查询   C. 删除查询   D. 交叉表查询

13. 查询能实现的功能有（   ）。

    A. 选择字段、选择记录、编辑记录、实现计算、建立新表、建立数据库

    B. 选择字段、选择记录、编辑记录、实现计算、建立新表、更新关系

    C. 选择字段、选择记录、编辑记录、实现计算、建立新表、设置格式

    D. 选择字段、选择记录、编辑记录、实现计算、建立新表、为窗体和报表提供数据

14. Access 2007 支持的查询类型有（   ）。

    A. 选择查询、交叉表查询、参数查询、操作查询和 SQL 查询

    B. 基本查询、选择查询、参数查询、操作查询和 SQL 查询

    C. 多表查询、单表查询、交叉表查询、参数查询和操作查询

    D. 选择查询、统计查询、参数查询、操作查询和 SQL 查询

15. 查询设计视图窗口中通过设置（   ）行，可以让某个字段只用于设定条件，而不出现在查询结果中。

    A. 显示   B. 排序   C. 字段   D. 条件

16. 如果产品销售表中有产品、数量和单价等字段，要了解每个产品销售金额情况，可以在设计查询时，通过（   ）实现。

    A. 汇总查询   B. 增加金额字段   C. 计算项   D. 以上都可以

17. 在 Access 的查询中，能从一个或多个表中检索数据，在一定的限制条件下，还可以通过此查询方式来更改相关表中记录的是（   ）。

    A. 选择查询   B. 参数查询   C. 操作查询   D. SQL 查询

18. 在查询设计视图中（   ）。

    A. 可以添加表，也可以添加查询   B. 只能添加表

    C. 只能添加查询   D. 表和查询都不能添加

19. 在执行时弹出对话框，提示用户输入必要的信息，再按照这些信息进行查询，这种查询是（   ）。

    A. 选择查询   B. 参数查询   C. 交叉表查询   D. 操作查询

20. 创建交叉表查询必须对（   ）字段进行分组（Group By）操作。

    A. 标题   B. 列标题

    C. 行标题和列标题   D. 行标题、列标题和值

21. 在创建交叉表查询的过程中，最多可以选择（   ）个行标题字段。

    A. 2   B. 3   C. 4   D. 5

22. 将表 A 的记录添加到表 B 中,要求保持表 B 中原有的记录,可以使用的查询是(   )。

    A. 选择查询　　　　B. 生成表查询　　　　C. 追加查询　　　　D. 更新查询

23. 在 Access 中,查询的数据源可以是(   )。

    A. 表　　　　　　　B. 查询　　　　　　　C. 表和查询　　　　D. 表、查询和报表

24. 在 Access 数据库中使用向导创建查询,其数据可以来自(   )。

    A. 多个表　　　　　B. 一个表　　　　　　C. 一个表的一部分　D. 表或查询

25. 创建参数查询时,在查询设计视图准则行中应将参数提示文本放置在(   )中。

    A. {}　　　　　　　B. ()　　　　　　　　C. []　　　　　　　　D. <>

6.2　填空题

1. 查询是对表的数据进行查找,同时产生一个类似于_____的结果。

2. 查询可以作为窗体或报表的_____。

3. 查询设计视图窗口分为上下两部分,上半部分为_____区,下半部分为设计网格。

4. 查询的结果总是与数据源中的数据_____。

5. 创建查询的首要条件是要有_____。

6. 在 Access 中,创建和修改查询最方便的方法是使用_____。

7. 使用交叉表查询向导建立交叉表查询,所用的字段必须来源于_____或_____。

8. 创建分组统计查询,总计项应选择_____。

9. 参数查询就是通过运行查询时的_____来创建的动态查询结果。

10. 如果要求通过输入员工编号查询员工基本信息,可以采用_____查询。如果在教师表中按年龄生成青年教师表,可以采用_____查询。

11. 操作查询共有_____、删除查询、_____和_____。

12. 在 Access 中,如果要对大批量的数据进行修改,为了提高效率,最好使用_____查询。

13. 在创建交叉表查询时,必须对行标题和_____进行分组操作。

14. 如果要求通过输入学号查询学生情况,可以采用_____查询;如果从学生表中,按班为单位,生成每个班的学生表,可以采用_____查询。

15. 查询的"条件"项上,同一行的条件之间是_____的关系,不同行的条件之间是_____的关系。

16. 在通讯录表中,查找没有联系电话的记录时,用_____作为条件表达式。

17. 若要查找去年参加工作的职工记录,查询条件为_____。

18. Sum 函数用于_____,Avg 函数用于_____,它们都可以应用于_____、货币、日期/时间和自动编号数据类型的字段,在计算过程中_____值将被忽略。

6.3　问答题

1. 查询有几种类型?创建查询的方法有几种?

2. 查询和表有什么区别?查询和筛选有什么区别?

3. 为什么说查询的数据是动态的数据集合?

4. 查询对象中的数据存放在哪里?

5. 查询对象中的数据源有哪些?

6. 写出根据出生日期求年龄的表达式。

7. 简述在查询中进行计算的方法。

8. 在表中的字段设置了排序,却没有效果,为什么?

参 考 答 案

6.1 选择题答案

1. A   2. C   3. A   4. B   5. B   6. B   7. C   8. B

9. B   10. B   11. B   12. D   13. D   14. A   15. A   16. C

17. C   18. A   19. B   20. C   21. B   22. C   23. C   24. D

25. C

6.2 填空题答案

1. 表   2. 数据源

3. 字段列表   4. 保持同步

5. 数据源   6. 查询设计视图

7. 同一个表,同一个查询   8. Group By

9. 参数定义   10. 参数,生成表

11. 生成表查询,更新查询,追加查询

12. 更新   13. 列标题

14. 参数,生成表   15. 与,或

16. Is Null   17. $Year(Date())-Year([工作日期])=1$

18. 计算字段的和,计算字段平均值,数字,Null

6.3 问答题答案

1. 【答】 在 Access 中,根据对数据源操作方式和操作结果的不同,可以把查询分为 5 种类型,分别是选择查询、交叉表查询、参数查询、操作查询和 SQL 查询。

创建查询有 3 种方法: 使用查询向导、使用查询设计视图、使用 SQL 查询语句。

2. 【答】 查询是根据给定的条件从数据库的一个或多个表中找出符合条件的记录,但一个 Access 查询不是数据记录的集合,而是操作命令的集合。创建查询后,保存的是查询的操作,只有在运行查询时才会从查询数据源中抽取数据,并创建动态的记录集合,只要关闭查询,查询的动态数据集就会自动消失。所以,可以将查询的运行结果看作是一个临时表,称为动态的数据集。它形式上很像一个表,但实质是完全不同的,这个临时表并没有存储在数据库中。

筛选是对表的一种操作,从表中挑选出满足某种条件的记录称为筛选,经过筛选后的表,只显示满足条件的记录,而那些不满足条件的记录将被隐藏起来。查询是一组操作命令的集合,查询运行后生成一个临时表。

3. 【答】 因为查询不是一个真正存在的数据表,只是在运行查询时数据才出现。查询对象在运行时从提供数据的表或者查询中提取字段和数据,并在数据表视图中将相关的数

据记录显示出来,所以说查询的数据是动态的数据集合。查询实质上只是一个链接数据字段的结构框架,查询中的数据是由于链接关系而临时出现在数据表视图中的,它们会随着链接的相关表中数据的更新而更新,所以说查询的数据是动态的。

4.【答】 查询对象中的数据存放在查询指定的表对象中,查询对象只是将查找到的数据临时在数据表视图中显示出来,并不真正地存储这些查询到的数据。在 Access 数据库中存放数据的对象只是表对象。

5.【答】 查询的数据源可以是一个或多个表,也可以是一个或多个查询。

6.【答】 YEAR(DATE())-YEAR([出生日期])或(DATE()-[出生日期])/365

7.【答】 在 Access 查询中,可以执行两种类型的计算:预定义计算和自定义计算。

预定义计算是系统提供的用于对查询结果中的记录组或全部记录进行的计算,包括总计、平均值、计数、最大值、最小值、标准偏差或方差等。在查询设计视图窗口单击"查询工具设计"选项卡,再在"显示/隐藏"命令组中单击"汇总"命令按钮,可以在设计网格中显示出"总计"行。对设计网格中的每个字段,都可在"总计"行中选择所需选项来对查询中的全部记录、一条或多条记录组进行计算。

自定义计算可以用一个或多个字段的值进行数值、日期和文本计算。对于自定义计算,必须直接在设计网格中创建新的计算字段,创建方法是将表达式输入到设计网格的空字段行中,表达式可以由多个计算组成。

8.【答】 并不是所有的字段都可以排序,如在任何情况下都不能对"OLE 对象"的字段进行排序,在数据访问页中不能对"备注"和"超链接"字段进行排序。

第7章 SQL 查询的操作

7.1 选择题

1. SQL 的含义是( )。
   A. 结构化查询语言
   B. 数据定义语言
   C. 数据库查询语言
   D. 数据操纵与控制语言

2. 以下不属于 SQL 查询的是( )。
   A. 选择查询
   B. 传递查询
   C. 联合查询
   D. 数据定义查询

3. 将表 A 的记录复制到表 B 中,且不删除表 B 中的记录,可以使用的查询是( )。
   A. 删除查询
   B. 生成表查询
   C. 追加查询
   D. 交叉表查询

4. 下列 SELECT 语句正确的是( )。
   A. SELECT * FROM "学生表" WHERE 姓名="张涵娟"
   B. SELECT * FROM "学生表" WHERE 姓名=张涵娟
   C. SELECT * FROM 学生表 WHERE 姓名=张涵娟
   D. SELECT * FROM 学生表 WHERE 姓名="张涵娟"

5. 在 SQL 的 SELECT 查询的结果中,消除重复记录的方法是( )。
   A. 通过指定主索引实现
   B. 通过指定唯一索引实现
   C. 使用 DISTINCT 短语实现
   D. 使用 WHERE 短语实现

6. 关于 SELECT 语句中 ORDER BY 子句,使用正确的是( )。
   A. 如果未指定排序字段,则默认按递增排序
   B. 表的字段都可用于排序
   C. 如果在 SELECT 语句中使用了 DISTINCT 关键字,则排序字段必须出现在查询结果中
   D. 联合查询不允许使用 ORDER BY 子句

7. 在 SELECT 语句中使用 ORDER BY 是为了指定( )。
   A. 查询的表
   B. 查询结果的顺序
   C. 查询的条件
   D. 查询的字段

8. 在 SQL SELECT 语句的 ORDER BY 语句中如果指定了多个字段,则( )。
   A. 无法进行排序
   B. 只按第一个字段排序
   C. 按从左至右优先次序排序
   D. 按字段排序优先级排序

9. SQL 查询语句中,用来指定对选定的字段进行排序的子句是( )。
   A. ORDER BY
   B. FROM
   C. WHERE
   D. HAVING

10. 在 SELECT 语句中,GROUP BY 子句实现(　　)功能。

  A. 统计　　　　　B. 求和　　　　　C. 排序　　　　　D. 分组

11. 在 SQL 语句中,与表达式"工资 Between 2000 And 3000"功能相同的表达式是(　　)。

  A. 工资>=2000 And 工资<=3000　　　　B. 工资>2000 And 工资<3000

  C. 工资<=2000 And 工资>3000　　　　D. 工资>=2000 Or 工资<=3000

12. 在 SQL 语句中,与表达式"仓库号 Not In("wh1","wh2")"功能相同的表达式是(　　)。

  A. 仓库号="wh1" And 仓库号="wh2"

  B. 仓库号<>"wh1" Or 仓库号<>"wh2"

  C. 仓库号<>"wh1" Or 仓库号="wh2"

  D. 仓库号<>"wh1" And 仓库号<>"wh2"

13. 在 SQL 中,聚合函数 Count(列名)用于(　　)。

  A. 计算元组的个数　　　　　　　B. 计算属性的个数

  C. 对一列中的非空值计算个数　　D. 对一列中的非空值和空值计算个数

14. 在 SQL 中,与 Not In 等价的操作符是(　　)。

  A. =Some　　　　B. <>Some　　　　C. =All　　　　D. <>All

15. 查询未来 5 天内的记录应该使用的条件是(　　)。

  A. <Date()-5　　　　　　　　　B. >Date()-5

  C. Between Date() And Date()-5　　D. Between Date() And Date()+5

16. 对于 SELECT 语句的条件 WHERE Dept Like '[CS]her%y',将筛选出以下(　　)值。

  A. CSherry　　　B. Sherriey　　　C. Chers　　　D. [CS]Herry

17. 在下列查询语句中,与 SELECT * FROM Stud WHERE InStr([简历],"篮球")<>0 功能相同的语句是(　　)。

  A. SELECT * FROM Stud WHERE 简历 Like "篮球"

  B. SELECT * FROM Stud WHERE 简历 Like " * 篮球"

  C. SELECT * FROM Stud WHERE 简历 Like " * 篮球 * "

  D. SELECT * FROM Stud WHERE 简历 Like "篮球 * "

18. 有如下 SQL SELECT 语句:

SELECT * FROM stock WHERE 单价 Between 12.76 And 15.20

与该语句等价的是(　　)。

  A. SELECT * FROM stock WHERE 单价<=15.20 And 单价>=12.76

  B. SELECT * FROM stock WHERE 单价<15.20 And 单价>12.76

  C. SELECT * FROM stock WHERE 单价>=15.20 And 单价<=12.76

  D. SELECT * FROM stock WHERE 单价>15.20 And 单价<12.76

19. 在 SELECT 语句中用于实现关系的选择运算的短语是(　　)。

  A. JOIN　　　　B. FROM　　　　C. WHERE　　　　D. WHILE

20. 使用 SELECT 语句进行分组检索时,为了去掉不满足条件的分组,应当( )。

    A. 使用 WHERE 子句

    B. 在 GROUP BY 后面使用 HAVING 子句

    C. 先使用 WHERE 子句,再使用 HAVING 子句

    D. 先使用 HAVING 子句,再使用 WHERE 子句

21. 设 A、B 两个表的记录数分别为 3 和 4,对两个表执行交叉连接查询,查询结果中最多可获得( )条记录。

    A. 3   B. 4   C. 12   D. 81

22. 当关系 R 和 S 做自然连接时,能够保留 R 中不满足连接条件元组的操作是( )。

    A. 左外连接   B. 右外连接   C. 全外连接   D. 内连接

23. 下列关于 INSERT 语句的使用,正确的是( )。

    A. 可以在 INSERT 语句的 VALUES 短语指定计算列的值

    B. 可以使用 INSERT 语句插入一个空记录

    C. 如果没有为列指定数据,则列值为空值

    D. 如果列设置了默认值,则可以不为该列提供数据

24. 下列关于 SQL 语句的说法中错误的是( )。

    A. INSERT 语句可以向数据表中追加新的数据记录

    B. UPDATE 语句用来修改数据表中已经存在的数据记录

    C. DELETE 语句用来删除数据表中的记录

    D. CREATE 语句用来建立表结构并追加新的记录

25. SQL 语句不能创建的是( )。

    A. 报表   B. 操作查询   C. 选择查询   D. 数据定义查询

26. 在 Access 数据库中创建一个新表,应该使用的 SQL 语句是( )。

    A. CREATE TABLE   B. CREATE INDEX

    C. ALTER TABLE   D. CREATE DATABASE

27. 要从数据库中删除一个表,应该使用的 SQL 语句是( )。

    A. ALTER TABLE   B. KILL TABLE

    C. DELETE TABLE   D. DROP TABLE

28. 若要在表 S 中增加一列 CN(课程名),可用语句( )。

    A. ADD TABLE S (CN Char(8))

    B. ADD TABLE S ALTER (CN Char(8))

    C. ALTER TABLE S ADD (CN Char(8))

    D. ALTER TABLE S (ADD CN Char(8))

29. 下面关于 UPDATE 语句,错误的是( )。

    A. 可以使用 Default 关键字将列设置为默认值

    B. 可以使用 Null 关键字将列设置为空值

    C. 可使用 UPDATE 语句同时修改多个记录

    D. 如果 UPDATE 语句中没有指定搜索条件,则默认只能修改第一条记录

30. 下列 SQL 查询语句中,与图 2-6 查询设计视图所示的查询结果等价的是(   )。

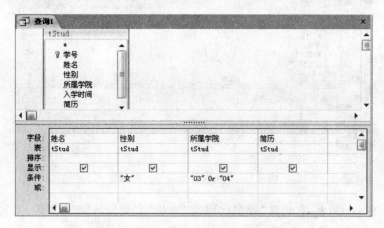

图 2-6 查询设计视图的一种设置

A.

SELECT 姓名,性别,所属学院,简历 FROM tStud WHERE 性别 = "女" And 所属学院 IN ("03","04")

B.

SELECT 姓名,简历 FROM tStud WHERE 性别 = "女" And 所属学院 In ("03","04")

C.

SELECT 姓名,性别,所属学院,简历 FROM tStud WHERE 性别 = "女" And 所属学院 = "03" Or 所属学院 = "04"

D.

SELECT 姓名,简历 FROM tStud WHERE 性别 = "女" AND 所属学院 = "03" Or 所属学院 = "04"

31. 在 Access 中已建立了学生表,表中有"学号"、"姓名"、"性别"和"入学成绩"等字段,执行如下 SQL 语句:

SELECT 性别,Avg(入学成绩) FROM 学生 GROUP BY 性别

其结果是(   )。

A. 计算并显示所有学生的性别和入学成绩的平均值
B. 按性别分组计算并显示性别和入学成绩的平均值
C. 计算并显示所有学生的入学成绩的平均值
D. 按性别分组计算并显示所有学生的入学成绩的平均值

32. 图 2-7 是使用查询设计工具完成的查询,与该查询等价的 SQL 语句是(   )。

A. SELECT 学号,数学 FROM sc WHERE 数学＞(SELECT Avg(数学) FROM sc)
B. SELECT 学号 WHERE 数学＞(SELECT Avg(数学) FROM sc)
C. SELECT 数学,Avg(数学) FROM sc
D. SELECT 数学＞(SELECT Avg(数学) FROM sc)

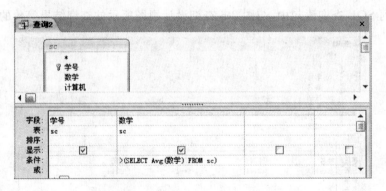

图 2-7　查询设计视图的一种设置

33. 假设有 stock 表，它包含"股票代码"、"单价"、"交易所"3 个字段，求每个交易所的平均单价的 SQL 语句是(　　)。

A. SELECT 交易所，Avg(单价) FROM stock GROUP BY 单价

B. SELECT 交易所，Avg(单价) FROM stock ORDER BY 单价

C. SELECT 交易所，Avg(单价) FROM stock ORDER BY 交易所

D. SELECT 交易所，Avg(单价) FROM stock GROUP BY 交易所

34. 图 2-8 显示的是查询设计视图的设计网格部分，从下图所示的内容中，可以判断要创建的查询是(　　)。

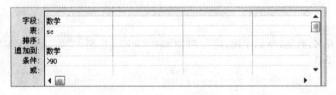

图 2-8　查询设计视图的一种设置

A. 删除查询　　　B. 追加查询　　　C. 生成表查询　　　D. 更新查询

35. 假设职工表中有 10 条记录，获得职工表最前面两条记录的命令为(　　)。

A. SELECT 2 * FROM 职工

B. SELECT Top 2 * FROM 职工

C. SELECT Percent 2 * FROM 职工

D. SELECT Percent 20 * FROM 职工

36. 有 SQL 语句：

```
SELECT 部门.部门名, Count(*) AS  部门人数 FROM 部门, 职工
WHERE 部门.部门号 = 职工.部门号 GROUP BY 部门.部门名
```

与该语句等价的 SQL 语句是(　　)。

A.

```
SELECT 部门.部门名, Count(*) AS  部门人数
FROM 职工 INNER JOIN 部门 部门.部门号 = 职工.部门号
GROUP BY 部门.部门名
```

B.

```
SELECT 部门.部门名, Count(*) AS 部门人数
FROM 职工 INNER JOIN 部门 ON 部门号
GROUP BY 部门.部门名
```

C.

```
SELECT 部门.部门名, Count(*) AS 部门人数
FROM 职工 INNER JOIN 部门 ON 部门.部门号 = 职工.部门号
GROUP BY 部门.部门名
```

D.

```
SELECT 部门.部门名, Count(*) AS 部门人数
FROM 职工 INNER JOIN 部门 ON 部门.部门号 = 职工.部门号
```

37. 有以下 SQL 语句：

```
SELECT DISTINCT 部门号 FROM 职工
WHERE 出生日期< All (SELECT 出生日期 FROM 职工 WHERE 部门号 = '1002')
```

与该语句等价的 SQL 语句是(　　)。

A.

```
SELECT DISTINCT 部门号 FROM 职工
WHERE 出生日期<(SELECT Min(出生日期) FROM 职工 WHERE 部门号 = '1002')
```

B.

```
SELECT DISTINCT 部门号 FROM 职工
WHERE 出生日期<(SELECT Max(出生日期) FROM 职工 WHERE 部门号 = '1002')
```

C.

```
SELECT DISTINCT 部门号 FROM 职工
WHERE 出生日期< Any (SELECT 出生日期 FROM 职工 WHERE 部门号 = '1002')
```

D.

```
SELECT DISTINCT 部门号 FROM 职工
WHERE 出生日期< Some(SELECT 出生日期 FROM 职工 WHERE 部门号 = '1002')
```

38. 对于基本表 Emp(Eno，Ename，Salary，Dno)，其属性表示职工的工号、姓名、工资和所在部门的编号。对于基本表 Dept(Dno，Dname)，其属性表示部门的编号和部门号。

有一 SQL 语句：

```
SELECT Count(DISTINCT Dno) FROM Emp
```

其等价的查询语句是(　　)。

A. 统计职工的总人数　　　　　　　B. 统计每一个部门的职工人数

C. 统计职工服务的部门数目　　　　D. 统计每一职工服务的部门数目

39. 对于第 38 题的两个基本表,有一个 SQL 语句:

UPDATE Emp SET Salary = Salary * 1.05
WHERE Dno = 'D6' And Salary <(SELECT Avg(Salary) FROM Emp)

其等价的修改语句为(　　)。

    A. 工资低于 D6 部门平均工资的所有职工加薪 5%

    B. 工资低于整个企业平均工资的职工加薪 5%

    C. 在 D6 部门工作、工资低于整个企业平均工资的职工加薪 5%

    D. 在 D6 部门工作、工资低于本部门平均工资的职工加薪 5%

第 40～第 47 题使用如下 3 个表:

部门(部门号 Char(4),部门名 Char (12),负责人 Char (6),电话 Char (16))
职工(部门号 Char(4),职工号 Char(10),姓名 Char(8),性别 Char(2),出生日期 Datetime)
工资(职工号 Char (8),基本工资 Real,津贴 Real,奖金 Real,扣除 Real)

40. 查询职工实发工资的正确命令是(　　)。

    A.

```
SELECT 姓名,(基本工资＋津贴＋奖金-扣除) AS 实发工资 FROM 工资
```

    B.

```
SELECT 姓名,(基本工资＋津贴＋奖金-扣除) AS 实发工资 FROM 工资
WHERE 职工.职工号 = 工资.职工号
```

    C.

```
SELECT 姓名,(基本工资＋津贴＋奖金-扣除) AS 实发工资 FROM 工资,职工
WHERE 职工.职工号 = 工资.职工号
```

    D.

```
SELECT 姓名,(基本工资＋津贴＋奖金-扣除) AS 实发工资 FROM 工资
JOIN 职工 WHERE 职工.职工号 = 工资.职工号
```

41. 查询 1962 年 10 月 27 日出生的职工信息的正确命令是(　　)。

    A.

```
SELECT * FROM 职工 WHERE 出生日期 = {1962-10-27}
```

    B.

```
SELECT * FROM 职工 WHERE 出生日期 = 1962-10-27
```

    C.

```
SELECT * FROM 职工 WHERE 出生日期 = "1962-10-27"
```

    D.

```
SELECT * FROM 职工 WHERE 出生日期 = #1962-10-27#
```

42. 查询每个部门年龄最长者的信息,要求显示部门名和出生日期,正确的命令是(   )。

　　A.

```
SELECT 部门名, Min(出生日期) FROM 部门
INNER JOIN 职工 ON 部门.部门号 = 职工.部门号
GROUP BY 部门名
```

　　B.

```
SELECT 部门名, Max(出生日期) FROM 部门
INNER JOIN 职工 ON 部门.部门号 = 职工.部门号
GROUP BY 部门名
```

　　C.

```
SELECT 部门名, Min(出生日期) FROM 部门
INNER JOIN 职工 WHERE 部门.部门号 = 职工.部门号
GROUP BY 部门名
```

　　D.

```
SELECT 部门名, Max(出生日期) FROM 部门
INNER JOIN 职工 WHERE 部门.部门号 = 职工.部门号
GROUP BY 部门名
```

43. 查询有 10 名以上(含 10 名)职工的部门信息(部门名和职工人数),并按职工人数降序排序,正确的命令是(   )。

　　A.

```
SELECT 部门名, Count(职工号) AS 职工人数 FROM 部门, 职工
WHERE 部门.部门号 = 职工.部门号
GROUP BY 部门名 HAVING Count( * )>= 10
ORDER BY Count(职工号) ASC
```

　　B.

```
SELECT 部门名, Count(职工号) AS 职工人数 FROM 部门, 职工
WHERE   部门.部门号 = 职工.部门号
GROUP BY 部门名 HAVING Count( * )>= 10
ORDER BY Count(职工号) DESC
```

　　C.

```
SELECT 部门名, Count(职工号) AS 职工人数 FROM 部门, 职工
WHERE   部门.部门号 = 职工.部门号
GROUP BY 部门名 HAVING Count( * )>= 10
ORDER BY 职工人数 ASC
```

　　D.

```
SELECT 部门名, Count(职工号) AS 职工人数 FROM 部门, 职工
WHERE   部门.部门号 = 职工.部门号
GROUP BY 部门名 HAVING Count( * )>= 10
ORDER BY 职工人数 DESC
```

44. 查询年龄在 35 岁以上(不含 35 岁)的职工姓名、性别和年龄,正确的命令是(　　　)。

    A.

    SELECT 姓名, 性别, Year(Date()) - Year(出生日期) AS 年龄 FROM 职工
    WHERE 年龄> 35

    B.

    SELECT 姓名, 性别, Year(Date()) - Year(出生日期) AS 年龄 FROM 职工
    WHERE Year(出生日期)> 35

    C.

    SELECT 姓名, 性别, Year(Date()) - Year(出生日期) AS 年龄 FROM 职工
    WHERE Year(Date()) - Year(出生日期)> 35

    D.

    SELECT 姓名, 性别, 年龄 = Year(Date()) - Year(出生日期) FROM 职工
    WHERE Year(Date()) - Year(出生日期)> 35

45. 为工资表增加一个"实发工资"列的正确命令是(　　　)。

    A.

    MODIFY TABLE 工资 ADD Column 实发工资 Real

    B.

    MODIFY TABLE 工资 ADD FIELD 实发工资 Real

    C.

    ALTER TABLE 工资 ADD 实发工资 Real

    D.

    ALTER TABLE 工资 ADD FIELD 实发工资 Real

46. 查询职工号尾字符是"1"的错误命令是(　　　)。

    A.

    SELECT * FROM　职工 WHERE InStr(职工号, "1") = 8

    B.

    SELECT * FROM 职工 WHERE 职工号 Like "1"

    C.

    SELECT * FROM 职工 WHERE 职工号 Like " * 1"

    D.

    SELECT * FROM 职工 WHERE Right(职工号, 1) = "1"

47. 有 SQL 语句：

```
SELECT * FROM 工资
WHERE Not（基本工资>3000 Or 基本工资<2000）
```

与该语句等价的 SQL 语句是（　　　）。

A.

```
SELECT * FROM 工资
WHERE 基本工资 Between 2000 And 3000
```

B.

```
SELECT * FROM 工资
WHERE 基本工资>2000 And 基本工资<3000
```

C.

```
SELECT * FROM 工资
WHERE 基本工资>2000 Or 基本工资<3000
```

D.

```
SELECT * FROM 工资
WHERE 基本工资<=2000 And 基本工资>=3000
```

7.2　填空题

1. SQL 查询就是用户使用 SQL 语句来创建的一种查询。SQL 查询主要包括联合查询、传递查询、_____和子查询。

2. SELECT 语句的功能非常强大，所以它的语法结构也比较复杂，其基本框架为 SELECT-FROM-WHERE，它包含_____、_____、_____等基本子句。

3. 用 SOL 语句实现查询表名为"图书表"的所有记录，应该使用的 SELECT 语句是_____。

4. 在 SQL 的 SELECT 语句中用_____子句对查询的结果进行排序。

5. 在 SQL 的 SELECT 语句中，用于实现选择运算的短语是_____。

6. 职工表有工资字段，计算工资合计的 SQL 语句是：SELECT _____ FROM 职工。

7. 在 SQL 查询中，使用_____子句指出的是查询条件。

8. 使用 SELECT 语句完成查询工作后，所查询的结果默认显示在屏幕上，若需要对这些查询结果进行处理，则需要 SELECT 的其他子句配合操作。这些子句有 ORDER BY（排序输出）、_____（合并输出）及_____（分组统计）与_____（筛选）。

9. 语句"SELECT * FROM 成绩表 WHERE 成绩＞（SELECT Avg（成绩）FROM 成绩表）"查询的结果是_____。

10. 当一个子 SELECT 的结果作为查询的条件，即在一个 SELECT 命令的 WHERE 子句中出现另一个 SELECT 命令，这种查询称为_____查询。

11. 联合查询指使用_____运算将多个_____合并到一起。

12. 要将学生表中女生的入学成绩加 10 分,可使用的语句是_____。

13. 已知 D1＝♯2009-5-28♯,D2＝♯2010-2-29♯,执行 D＝DateDiff("yyyy",D1,D2) 后,返回结果_____。

14. Any 运算符用于子查询中表示条件时,其格式是_____。

15. 在 SQL 视图下可使用_____语句来显示函数结果。

16. 连接查询可分为 3 种类型:_____、_____和交叉连接。

17. 如果关系 R 和 S 做自然连接时,还需把 R 中原该舍去的元组放到新关系中,那么这种操作称为_____操作。

7.3 问答题

1. 简述 SQL 语句的功能。

2. 在 SELECT 语句中,对查询结果进行排序的子句是什么? 能消除重复行的关键字是什么?

3. 写出与表达式"仓库号 Not In("wh1","wh2")"功能相同的表达式。

4. 在一个包含集合函数的 SELECT 语句中,GROUP BY 子句有哪些用途?

5. HAVING 与 WHERE 同时用于指出查询条件,说明各自的应用场合。

6. 在 SQL 语言中,对于"查询结果是否允许存在重复元组"是如何实现的?

7. 在 SELECT 语句中,何时使用分组子句? 何时不必使用分组子句?

7.4 应用题

利用 5.4 节给出的订货管理数据库和记录实例,用 SQL 语句完成下列操作。

1. 查找哪些仓库有工资多于 1810 元的职工。

2. 先按仓库号排序,再按工资排序并输出全部职工信息。

3. 求每个仓库的职工的平均工资。

4. 找出供应商所在地的数目。

5. 找出尚未确定供应商的订购单。

6. 列出已经确定了供应商的订购单信息。

7. 找出工资多于 1830 元的职工号和他们所在的城市。

8. 找出工作在面积大于 400 的仓库的职工号以及这些职工工作所在的城市。

9. 查找哪些城市至少有一个仓库的职工工资为 1850 元。

10. 查找哪些仓库中还没有职工的仓库的信息。

11. 查找哪些仓库中至少已经有一个职工的仓库的信息。

12. 查询所有职工的工资都多于 1810 元的仓库的信息。

13. 查找每个仓库中工资多于 1820 元的职工个数。

14. 查找工资低于本仓库平均工资的职工信息。

15. 求所有职工的工资都多于 1810 元的仓库的平均面积。

16. 找出和职工 E4 挣同样工资的所有职工。

17. 查找向供应商 S3 发过订购单的职工的职工号和仓库号。

18. 查找和职工 E1、E3 都有联系的北京的供应商信息。

19. 查找向 S4 供应商发出订购单的仓库所在的城市。

20. 求北京和上海的仓库职工的工资总和。

21. 求在 wh2 仓库工作的职工的最高工资值。

22. 求至少有两个职工的每个仓库的平均工资。

23. 查找由工资多于 1830 元的职工向北京的供应商发出的订购单号。

24. 列出每个职工经手的具有最高总金额的订购单信息。

25. 查找职工的工资大于或等于 wh1 仓库中任何一名职工工资的仓库号。

26. 查找职工的工资大于或等于 wh1 仓库中所有职工工资的仓库号。

参 考 答 案

7.1 选择题答案

1. A   2. A   3. C   4. D   5. C   6. C   7. B   8. C

9. A   10. D   11. A   12. D   13. C   14. D   15. D   16. B

17. C   18. A   19. C   20. B   21. C   22. A   23. D   24. D

25. A   26. A   27. D   28. C   29. D   30. A   31. B   32. A

33. D   34. B   35. B   36. C   37. A   38. C   39. C   40. C

41. D   42. A   43. B   44. C   45. C   46. B   47. A

7.2 填空题答案

1. 数据定义查询   2. 输出字段,数据来源,查询条件

3. SELECT ＊ FROM 图书表   4. ORDER BY

5. WHERE   6. Sum(工资)

7. WHERE   8. UNION,GROUP BY,HAVING

9. 查询成绩表中所有成绩大于平均成绩的记录

10. 嵌套   11. UNION,查询结果

12. UPDATE 学生 SET 成绩＝[成绩]＋10 WHERE 性别＝"女"

13. 1   14. <字段> <比较符> Any(<子查询>)

15. SELECT   16. 内连接,外连接

17. 左外连接

7.3 问答题答案

1. 【答】 尽管设计 SQL 的最初目的是查询,查询数据也是其最重要的功能之一,但 SQL 绝不仅仅是一个查询工具,它可以独立完成数据库的全部操作。SQL 语句实现的功能有:

(1) 数据查询:按一定的查询条件从数据库对象中检索符合条件的数据。

(2) 数据定义:用于定义数据的逻辑结构以及数据项之间的关系。

(3) 数据操纵语言:用于更改数据库,包括增加新数据、删除旧数据、修改已有数据等。

(4) 数据控制语言:用于控制其对数据库中数据的操作,包括基本表和视图等对象的授权、完整性规则的描述、事务开始和结束控制语句等。

2. 【答】 SELECT 语句中对查询结果进行排序的子句是 ORDER BY,其格式是:

ORDER BY <排序选项 1> [ASC|DESC][,<排序选项 2>[ASC|DESC] …]

其中，＜排序选项＞可以是字段名，也可以是数字。字段名必须是 SELECT 语句的输出选项，当然是所操作的表中的字段。数字是排序选项在 SELECT 语句输出选项中的序号。ASC 指定的排序项按升序排列，DESC 指定的排序项按降序排列。

能消除重复行的关键字是 DISTINCT。

3. 【答】 仓库号＜＞"wh1" And 仓库号＜＞"wh2"

4. 【答】 使用 GROUP BY 子句可以对查询结果进行分组，其格式是：

GROUP BY ＜分组选项 1＞[,＜分组选项 2＞…]

其中，＜分组选项＞是作为分组依据的字段名。

GROUP BY 子句可以将查询结果按指定列进行分组，每组在列上具有相同的值。要注意的是，如果使用了 GROUP BY 子句，则查询输出选项要么是分组选项，要么是统计函数，因为分组后每个组只返回一行结果。

5. 【答】 若在分组后还要按照一定的条件进行筛选，则需使用 HAVING 子句，其格式是：

HAVING ＜分组条件＞

HAVING 子句与 WHERE 子句一样，也可以起到按条件选择记录的功能，但两个子句作用对象不同，WHERE 子句作用于表，而 HAVING 子句作用于组，必须与 GROUP BY 子句连用，用来指定每一分组内应满足的条件。HAVING 子句与 WHERE 子句不矛盾，在查询中先用 WHERE 子句选择记录，然后进行分组，最后再用 HAVING 子句选择记录。当然，GROUP BY 子句也可单独出现。

6. 【答】 对于 SELECT 语句，若用"SELECT DISTINCT"形式，则查询结果中不允许有重复元组；若不加 DISTINCT 短语，则查询结果中允许出现重复元组。

7. 【答】 在 SELECT 语句中使用分组子句的先决条件是要有聚合操作。当聚合操作值与其他属性的值无关时，不必使用分组子句。例如求男同学的人数，此时聚合值只有一个，因此不必分组。

当聚合操作值与其他属性的值有关时，必须使用分组子句。例如求不同性别的人数。此时聚合值有两个，与性别有关，因此必须分组。

7.4 应用题答案

1. SELECT DISTINCT 仓库号 FROM 职工表 WHERE 工资＞1810

2. SELECT ＊ FROM 职工表 ORDER BY 仓库号,工资

3. SELECT 仓库号,Avg(工资) FROM 职工表 GROUP BY 仓库号

4. SELECT Count(DISTINCT 地址) FROM 供应商表

注意：除非对表中的记录数进行计数，一般 Count 函数应该使用 DISTINCT 短语。

5. SELECT ＊ FROM 订购单表 WHERE 供应商号 Is Null

6. SELECT ＊ FROM 订购单表 WHERE 供应商号 Is Not Null

7. SELECT 职工表.职工号,仓库表.城市 FROM 职工表,仓库表
WHERE 职工表.仓库号＝仓库表.仓库号 And 工资＞1830

8. SELECT 职工表.职工号,仓库表.城市,仓库表.面积

FROM 职工表,仓库表 WHERE 职工表.仓库号＝仓库表.仓库号

And 仓库表.面积＞400

9. SELECT 仓库表.城市 FROM 职工表,仓库表 WHERE 职工表.仓库号＝仓库表.仓库号 And 职工表.工资＝1850

或：

SELECT 城市 FROM 仓库表 WHERE 仓库号 In(SELECT 仓库号 FROM 职工表 WHERE 工资＝1850)

10. SELECT ＊ FROM 仓库表 WHERE 仓库号 Not In (SELECT 仓库号 FROM 职工表)

11. SELECT ＊ FROM 仓库表 WHERE 仓库号 In (SELECT 仓库号 FROM 职工表)

12. SELECT ＊ FROM 仓库表 WHERE 仓库表.仓库号 Not In(SELECT 仓库号 FROM 职工表 WHERE 工资＜＝1810）And 仓库表.仓库号 In (SELECT 仓库号 FROM 职工表)

错误语句1：

SELECT ＊ FROM 仓库表 WHERE 仓库表.仓库号 Not In (SELECT 仓库号 FROM 职工表 WHERE 工资＜＝1810)

该查找结果错误,会将没有职工的仓库查找出来。如果要求排除那些还没有职工的仓库,查找要求可描述为：查找所有职工的工资都大于1810元的仓库的信息,并且该仓库至少要有一名职工。

错误语句2：

SELECT ＊ FROM 仓库表 WHERE 仓库表.仓库号 In(SELECT 仓库号 FROM 职工表 WHERE 工资＞1810)

该查询结果错误,会查出仓库号为 wh1 的信息,但 wh1 的职工工资并不都大于1810。

13. SELECT 仓库号,Count(＊)职工个数 FROM 职工 WHERE 工资＞1820 GROUP BY 仓库号

14. SELECT ＊ FROM 职工 a WHERE 工资＜(SELECT Avg(工资) FROM 职工 b WHERE a.仓库号＝b.仓库号)

15. SELECT Avg(面积) FROM 仓库表 WHERE 仓库号 Not In(SELECT 仓库号 FROM 职工表 WHERE 工资＜＝1810) And 仓库号 In(SELECT 仓库号 FROM 职工表)

16. SELECT 职工号 FROM 职工表 WHERE 工资 In (SELECT 工资 FROM 职工表 WHERE 职工号="E4")

17. 利用嵌套查询：

SELECT 职工号,仓库号 FROM 职工 WHERE 职工号 In

(SELECT 职工号 FROM 订购单 WHERE 供应商号="S3")

利用连接查询：

SELECT 职工.职工号,仓库号 FROM 职工,订购单

WHERE 职工.职工号＝订购单.职工号 And 供应商号="S3"

18. SELECT ＊ FROM 供应商 WHERE 地址="北京" And 供应商号 In

(SELECT 供应商号 FROM 订购单 WHERE 职工号="E1") And 供应商号 In

（SELECT 供应商号 FROM 订购单 WHERE 职工号＝"E3"）

19. SELECT 城市 FROM 仓库,职工,订购单 WHERE 仓库.仓库号＝职工.仓库号 And 职工.职工号＝订购单.职工号 And 供应商号＝"S4"

20. SELECT Sum(工资) FROM 职工表,仓库表 WHERE 职工表.仓库号＝仓库表.仓库号 And（城市＝"北京" Or 城市＝"上海"）

或：

SELECT Sum(工资) FROM 职工表 WHERE 仓库号 In（SELECT 仓库号 FROM 仓库表 WHERE 城市＝"北京" Or 城市＝"上海"）

21. SELECT Max(工资) FROM 职工表 WHERE 仓库号＝"wh2"

22. SELECT 仓库号,Count(∗),Avg(工资) FROM 职工表 GROUP BY 仓库号 HAVING Count(∗)＞＝2

23. SELECT 订货单号 FROM 职工,订购单,供应商 WHERE 职工.职工号＝订购单.职工号 And 订购单.供应商号＝供应商.供应商号 And 工资＞1830 And 地址＝"北京"

24. SELECT 职工号,供应商号,订购单号,订购日期,总金额 FROM 订购单表 WHERE 总金额＝(SELECT Max(总金额) FROM 订购单表 GROUP BY 职工号)

25. SELECT DISTINCT 仓库号 FROM 职工表 WHERE 工资＞＝(SELECT Min(工资) FROM 职工表 WHERE 仓库号＝"wh1")

26. SELECT DISTINCT 仓库号 FROM 职工表 WHERE 工资＞＝(SELECT Max(工资) FROM 职工表 WHERE 仓库号＝"wh1")

第8章 | 窗体的创建与应用

8.1 选择题

1. 窗体是 Access 数据库中的一种对象,以下(　　)不是窗体具备的功能。
   A. 输入数据　　　B. 编辑数据　　　C. 输出数据　　　D. 显示和查询表中的数据

2. 用界面形式操作数据的数据库对象是(　　)。
   A. 模块　　　　　B. 窗体　　　　　C. 查询　　　　　D. 表

3. Access 2007 自动创建的窗体类型不包括(　　)。
   A. 空白窗体　　　B. 分割窗体　　　C. 多个项目　　　D. 帮助窗体

4. 窗体有 6 种视图,用于创建窗体或修改窗体的窗口是窗体的(　　)。
   A. 设计视图　　　B. 窗体视图　　　C. 数据表视图　　　D. 数据透视表视图

5. 在窗体的视图中,既能够显示结果,又能够对控件进行调整的视图是(　　)。
   A. 窗体视图　　　B. 布局视图　　　C. 设计视图　　　D. 数据表视图

6. 下列不属于 Access 窗体视图的是(　　)。
   A. 设计视图　　　B. 追加视图　　　C. 窗体视图　　　D. 数据表视图

7. 如果在窗体上输入的数据总是取自于查询或者某些固定的值,可以使用(　　)控件来显示该字段。
   A. 列表框　　　　B. 文本框　　　　C. 选项组　　　　D. 选项卡

8. 下列关于窗体的说法中错误的是(　　)。
   A. 窗体是一种主要用于在数据库中输入和显示数据的数据库对象
   B. 可以对窗体的数据进行查找、排序和筛选
   C. 窗体是数据库系统中用户和应用程序之间的主要操作接口
   D. 窗体可以包含文字、图形、图像,但不能包含声音和视频

9. 以下说法中正确的是(　　)。
   A. 页眉和页脚只能同时显示
   B. 页面页眉和窗体页眉只能同时显示
   C. 页眉和页脚只能作为一对同时添加
   D. 页面页眉和窗体页眉只能作为一对同时添加

10. 在窗体中,添加用于显示、输入或编辑窗体的基础记录源数据,显示计算结果,或接受用户输入数据的控件图标是(　　)。
   A. 　　　　　B. 　　　　　C. *Aa*　　　　　D. ab

11. 窗体组成部分中,可用于在每个打印页底部显示信息的区域是(　　)。

　　A. 页面页眉　　　B. 页面页脚　　　C. 窗体页脚　　　D. 窗体页眉

12. 要改变窗体上文本框的数据源,应设置的属性是(　　)。

　　A. 记录源　　　　B. 控件来源　　　C. 筛选查阅　　　D. 默认值

13. 键盘事件是操作键盘所引发的事件,下列不属于键盘事件的是(　　)。

　　A. 键按下　　　　B. 键移动　　　　C. 键释放　　　　D. 击键

14. 鼠标事件应用较多的是(　　)。

　　A. 单击　　　　　B. 双击　　　　　C. 鼠标按下　　　D. 鼠标释放

15. 窗口事件是指操作窗口时所引发的事件,下列不属于窗口事件的是(　　)。

　　A. 打开　　　　　B. 加载　　　　　C. 关闭　　　　　D. 取消

16. 在一个窗体中显示多条记录的内容的窗体是(　　)。

　　A. 数据表窗体　　　　　　　　B. 表格式窗体

　　C. 数据透视表窗体　　　　　　D. 纵栏式窗体

17. 从外观上看与数据表和查询显示数据的界面相同的窗体是(　　)。

　　A. 纵栏式窗体　　B. 图表窗体　　　C. 数据表窗体　　D. 表格式窗体

18. 将窗体与某一个数据表或查询绑定起来的窗体属性是(　　)。

　　A. 记录来源　　　B. 打印版式　　　C. 打开　　　　　D. 帮助

19. 在窗体中,位于(　　)中的内容在打印预览或打印时才显示。

　　A. 窗体页眉　　　B. 窗体页脚　　　C. 主体　　　　　D. 页面页眉

20. 客户购买图书窗体的数据源为以下 SQL 语句:

SELECT 客户.姓名,订单.册数,图书.单价

　　FROM 客户 INNER JOIN (图书 INNER JOIN 订单 ON 图书.图书编号 = 订单.图书编号)

　　ON 客户.客户编号 = 订单.客户编号

则向窗体添加一个"购买总金额"的文本框,则其控件来源为(　　)。

　　A. [单价] * [册数]

　　B. =[单价] * [册数]

　　C. [图书]! [单价] * [订单]! [册数]

　　D. =[图书]! [单价] * [订单]! [册数]

21. 下面关于列表框和组合框的叙述,正确的是(　　)。

　　A. 列表框和组合框都可以显示一行或多行数据

　　B. 可以在列表框中输入新值,而组合框不能

　　C. 可以在组合框中输入新值,而列表框不能

　　D. 在列表框和组合框中均可以输入新值

22. 为窗体上的控件设置 Tab 键的顺序,应选择属性对话框中的(　　)。

　　A. 格式选项卡　　B. 数据选项卡　　C. 事件选项卡　　D. 其他选项卡

23. 以下有关选项组的叙述正确的是(　　)。

　　A. 如果选项组结合到某个字段,实际上是组框架内的复选框、选项按钮或切换按钮结合到该字段上的

　　B. 选项组中的复选框可选可不选

C. 使用选项组,只要单击选项组中所需的值,就可以为字段选定数据值

D. 以上说法都不对

24. 在窗体中可以使用( )执行某项操作或某些操作。

A. 选项按钮　　B. 文本框控件　　C. 复选框控件　　D. 命令按钮

25. 下列不属于控件格式属性的是( )。

A. 标题　　　　B. 正文　　　　　C. 字体大小　　D. 字体粗细

26. 在窗体中,用来输入或编辑字段数据的交互控件是( )。

A. 文本框控件　B. 标签控件　　　C. 复选框控件　D. 列表框控件

27. 能够将一些内容列举出来供用户选择的控件是( )。

A. 直线控件　　B. 选项卡控件　　C. 文本框控件　D. 组合框控件

28. 用于修饰窗体界面的控件是( )。

A. 组合框控件　　　　　　　　B. 命令按钮控件

C. 图像控件　　　　　　　　　D. 标签控件

29. 用户在窗体或报表中必须使用_____显示 OLE 对象。

A. 对象框　　　B. 绑定对象框　　C. 图像框　　　D. 组合框

30. 用于设定在控件中输入数据的合法性检查表达式的属性是( )。

A. 默认值属性　　　　　　　　B. 有效性规则属性

C. 是否锁定属性　　　　　　　D. 是否有效属性

31. 不能绑定到是/否数据类型的独立控件是( )。

A. 复选按钮　　B. 选择按钮　　　C. 切换按钮　　D. 选项组控件

32. 当窗体中的内容较多、无法在一页中显示时可以使用( )控件来进行分页。

A. 命令按钮　　B. 组合框　　　　C. 选项卡　　　D. 选项组

33. 用于显示说明信息的控件是( )。

A. 复选框　　　B. 文本框　　　　C. 标签　　　　D. 控件向导

34. 可以作为结合到"是/否"字段的独立控件的按钮名称是( )。

A. 列表框控件　B. 复选框控件　　C. 命令按钮　　D. 文本框控件

35. 要用文本框来显示日期,应当设置文本框的控件来源属性是( )。

A. Time( )　　　　　　　　　B. = Date(Date( ))

C. =Date( )　　　　　　　　　D. Date( )

36. 在一个命名为"学生"的窗体中,一个文本框的名称属性为 xm,在条件表达式中引用该文本框的文本的表达式为( )。

A. Forms! [学生]! [xm]　　　B. [学生]! [xm]

C. [学生]! [Forms]! [xm]　　D. [Forms].[学生].[xm].Text

37. 表示标签控件对象的标题属性是( )。

A. Caption 属性　　　　　　　B. Reports 属性

C. DoCmd 属性　　　　　　　D. Text 属性

38. 假定窗体的名称为 fmTest,则把窗体的标题设置为"Access 演示"的语句是( )。

A. Me＝"Access 演示"　　　　B. Me. Caption＝"Access 演示"

C. Me. Text＝"Access 演示"　　D. Me. Name＝"Access 演示"

39. 若要求在文本框中输入文本时达到密码"＊"号的显示效果,则应设置的属性是(　　)。

    A. "默认值"属性　　　　　　　　B. "标题"属性

    C. "密码"属性　　　　　　　　　D. "输入掩码"属性

40. 自动窗体向导中窗体布局不包括(　　)。

    A. 纵栏式　　　B. 数据表　　　C. 表格式　　　D. 窗体式

41. 下列关于对象"更新前"事件的叙述中正确的是(　　)。

    A. 在控件或记录的数据变化后发生的事件

    B. 在控件或记录的数据变化前发生的事件

    C. 当窗体或控件接收到焦点时发生的事件

    D. 当窗体或控件失去了焦点时发生的事件

42. 下列属于通知或警告用户的命令是(　　)。

    A. PrintOut　　　B. OutputTo　　　C. MsgBox　　　D. RunWarnings

43. 为窗口中的命令按钮设置单击鼠标时发生的动作,应选择设置其属性对话框的(　　)。

    A. 格式选项卡　　B. 事件选项卡　　C. 方法选项卡　　D. 数据选项卡

44. 确定一个控件在窗体上的位置的属性是(　　)。

    A. 宽度或高度　　　　　　　　　B. 宽度和高度

    C. 上边距或左边距　　　　　　　D. 上边距和左边距

45. 创建主/子窗体之前,要确定作为主窗体的数据源和作为子窗体的数据源之间存在(　　)关系。

    A. 一对一　　　B. 一对多　　　C. 多对一　　　D. 多对多

46. 在窗体视图中显示某窗体时,要求在单击命令按钮后标签 Label1 显示的文字颜色变为红色,以下能实现该操作的语句是(　　)。

    A. Label1.ForeColor＝255　　　　B. Label.ForeColor＝255

    C. Label1.ForeColor＝"255"　　　D. Label.ForeColor＝"255"

47. 在窗体设计视图中,按(　　)键可以快速打开或关闭属性表窗格。

    A. F2　　　　B. F4　　　　C. F6　　　　D. F8

48. 在窗体设计视图中,按(　　)组合键可以快速打开或关闭属性表窗格。

    A. Ctrl＋Enter　　　　　　　　　B. Ctrl＋Alt＋Enter

    C. Alt＋Enter　　　　　　　　　D. Shift＋Enter

49. 如果加载一个窗体,先被触发的事件是(　　)。

    A. Load 事件　　B. Open 事件　　C. Click 事件　　D. DblClick 事件

50. 现有一个已经建好的窗体,窗体中有一命令按钮,单击此按钮,将打开 tEmployee 表,如果采用 VBA 代码完成,下面语句正确的是(　　)。

    A. DoCmd.OpenForm "tEmployee"

    B. DoCmd.OpenView "tEmployee"

    C. DoCmd.OpenTable "tEmployee"

    D. DoCmd.OpenReport "tEmployee"

51. Access 的控件对象可以设置某个属性来控制对象是否可用(不可用时显示为灰色状态),需要设置的属性是(　　)。

    A. Default   B. Cancel   C. Enabled   D. Visible

52. 在窗体上有一个标有"显示"字样的命令按钮(名称为 Command1)和一个文本框(名称为 Text1)。当单击命令按钮时,将变量 sum 的值显示在文本框内,正确的代码是(　　)。

    A. Me! Text1. Caption＝sum   B. Me! Text1. Value＝sum

    C. Me! Text1. Text＝sum   D. Me! Text1. Visible＝sum

8.2　填空题

1. 窗体的数据来源主要包括表和＿＿＿＿＿＿＿。

2. 窗体可以输入数据、编辑数据和＿＿＿＿＿＿＿。

3. Access 中的窗体主要由＿＿＿＿＿＿＿、＿＿＿＿＿＿＿和＿＿＿＿＿＿＿3 部分组成。

4. 窗体中,用于输入或编辑字段数据的基本控件是＿＿＿＿＿＿＿。

5. 插入到其他窗体中的窗体称为＿＿＿＿＿＿＿。

6. 构成窗体的基本元素是＿＿＿＿＿＿＿。

7. Access 2007 提供了 3 种基本的窗体命令选项:窗体、分割窗体、＿＿＿＿＿＿＿。

8. 将字段从"字段列表"窗格拖动到窗体上,Access 会自动为＿＿＿＿＿＿＿、备注、＿＿＿＿＿＿＿、日期/时间、货币、超链接类型的字段创建文本框。

9. 窗体是数据库中用户和应用程序之间的＿＿＿＿＿＿＿,用户对数据库的数据操作都可以通过它来完成。

10. 在窗体中可以使用＿＿＿＿＿＿＿按钮来执行某项操作或某些操作。

11. ＿＿＿＿＿＿＿、＿＿＿＿＿＿＿或＿＿＿＿＿＿＿可为窗体提供数据源。

12. 窗体最多由＿＿＿＿＿＿＿、＿＿＿＿＿＿＿、＿＿＿＿＿＿＿、＿＿＿＿＿＿＿、＿＿＿＿＿＿＿5 部分组成,每一部分称为一个＿＿＿＿＿＿＿。

13. 鼠标事件应用较广,特别是＿＿＿＿＿＿＿事件。

14. 根据控件与窗体数据源的关系,控件可以分为＿＿＿＿＿＿＿、＿＿＿＿＿＿＿和＿＿＿＿＿＿＿。

15. 在 Access 中创建带子窗体的窗体时,必须确定作为主窗体和子窗体的数据源之间存在着＿＿＿＿＿＿＿的关系。

16. 子窗体就是窗体中的窗体,主要用来在窗体中显示来自＿＿＿＿＿＿＿表的数据。

17. 在窗体中只能浏览记录,不能添加或修改记录,应将窗体的＿＿＿＿＿＿＿和＿＿＿＿＿＿＿属性设置为"否"。

18. 在 Access 窗体中,可以对记录进行＿＿＿＿＿＿＿,将不需要的记录隐藏起来,只显示出想要看的记录。

19. 在窗体设计过程中,可以通过＿＿＿＿＿＿＿向导将预定义格式应用于窗体。

20. 窗体中的每个控件均被看做是独立的对象,用户可以使用鼠标单击控件来选择它,被选中的控件的四周将出现小方块状的＿＿＿＿＿＿＿。

21. 标签控件不显示＿＿＿＿＿＿＿或＿＿＿＿＿＿＿的数值,它没有数据来源。

22. ＿＿＿＿＿＿＿控件可以用来给用户提供必要的选择选项。

23. ＿＿＿＿＿＿＿只能显示为纵栏式窗体,＿＿＿＿＿＿＿可以显示为数据表窗体。

24．_____属性主要是针对控件的外观或窗体的显示格式而设置的。

25．如果选项组结合到某个字段，则只有组框架本身结合到此字段，而不是组框架内的_____、_____或切换按钮。

26．组合框和列表框都可以从列表中选择值。相比较而言，_____不仅可以选择，还可以输入新的值。

27．控件的_____属性告诉系统如何检索或保存在窗体中要显示的数据。

28．组合框和列表框的主要区别是可以在_____输入数据，而在_____中不可以。

29．窗体主体节通常用来显示_____。

30．表格式窗体中可以显示_____的内容。

31．窗体页眉位于窗体的_____。

32．计算型控件用_____作为数据源。

33．纵栏式窗体将窗体中的一个显示记录按列分隔，每列的左边显示字段名，右边显示_____。

34．在显示具有_____关系的表或查询中的数据时，子窗体特别有效。

35．如果用多个表作为窗体的数据来源，就要先利用_____创建一个查询。

36．窗体的页眉位于窗体的最上方，是由窗体控件组成的，主要用于显示窗体_____。

37．纵栏式窗体通常在一个窗体中的只显示_____记录。

38．窗体的6种视图是设计视图、布局视图、_____、_____、数据透视表视图、数据透视图视图。

39．建立一个窗体，使其不能删除记录，应将窗体的_____属性设置为"否"。

40．在设计窗体时，使用标签控件创建的是单独标签，它在窗体的_____视图中不能显示。

41．使用_____对话框，可以设置条件更改窗体上控件的外观，或者更改控件中的值的外观。

42．文本框的属性表中分类选项卡包括_____、数据、_____、其他和全部。

43．窗体中每个控件对象必须指定一个唯一的_____。

44．窗体中控件的_____、左边距属性值决定控件所在窗体的位置。

45．控件布局有两种：_____和_____。

46．命令按钮执行的操作被分成了6种类别，包括_____、_____、窗体操作、报表操作、应用程序和杂项。

47．利用_____控件，可以快速在窗体页眉左上角插入一图标。

48．在窗体布局视图中，从_____窗格中拖动字段到窗体上可以快速在窗体上创建绑定文本框。

49．如果文本框绑定到备注字段，可以将文本格式属性框中的值设置为_____。这样，可以向文本框中包含的文本应用多种格式样式。

50．使用窗体工具创建窗体时，如果Access发现某个表与用于创建窗体的表或查询具有一对多关系，Access将向基于相关表或相关查询的窗体中添加一个_____。

51．分割窗体可以同时提供数据的两种视图：_____、_____。

52. 使用窗体工具自动创建的窗体会以_____显示该窗体。

53. 要固定分割窗体的分割线,要在属性表的格式选项卡上,将_____属性设置为"否"。

54. _____会向用户询问一系列有关所需控件外观和行为的问题,然后会根据选择答案创建控件并设置该控件的属性。

55. 在窗体中插入页码的方法是在"窗体设计工具 设计"选项卡上的_____命令组中,单击"页码"命令按钮。

56. 在子窗体控件的_____属性指定主窗体中的哪个或哪些字段将主窗体链接到子窗体。

57. 在子窗体控件的_____属性指定子窗体中的哪个或哪些字段将子窗体链接到主窗体。

58. 在分割窗体的_____属性定义数据表显示在窗体的上方、下方、左侧还是右侧。

59. 建立了一个窗体,窗体中有一命令按钮,单击此按钮,将打开一个查询,查询名为"qT",如果采用 VBA 代码完成,应使用的语句是_____。

60. 在创建主/子窗体之前,必须设置_____之间的关系。

61. 某窗体中有一命令按钮,在窗体视图中单击此命令按钮打开一个查询,需要执行的操作是_____。

62. 当文本框中的内容发生了改变时,触发的事件名称是_____。

8.3 问答题

1. 窗体有什么作用?

2. Access 中窗体有哪几种视图? 各有什么用途?

3. 什么是控件? Access 包含哪些控件? 控件分为哪几种类型? 各自有什么特点?

4. 控件有哪些常见的属性?

5. 如何使用未绑定对象框来显示 Word 文档?

6. 窗体由哪几部分组成? 窗体的各组成部分各起什么作用?

7. 使用自动窗体方式创建窗体时,有哪些条件限制? 可以通过此方式以形成几种不同显示方式的窗体?

8. 用于创建主窗体和子窗体的表间需要满足什么条件? 如何设置主窗体和子窗体间的联系,使子窗体的内容随主窗体中记录的改变而发生改变。

参 考 答 案

8.1 选择题答案

1. C	2. B	3. D	4. A	5. B	6. C	7. A	8. D
9. C	10. D	11. B	12. B	13. B	14. A	15. D	16. A
17. C	18. A	19. D	20. B	21. C	22. D	23. D	24. D
25. B	26. A	27. D	28. C	29. B	30. B	31. D	32. C
33. C	34. B	35. C	36. A	37. A	38. B	39. D	40. D

41. B　42. C　43. B　44. D　45. B　46. A　47. B　48. C

49. A　50. C　51. C　52. B

8.2　填空题答案

1. 查询
2. 显示数据
3. 页眉,主体,页脚
4. 文本框
5. 子窗体
6. 控件
7. 多个项目
8. 文本,数字
9. 接口
10. 命令
11. 表,查询,SQL 语句
12. 窗体页眉,页面页眉,主体,页面页脚,窗体页脚,节
13. 单击
14. 绑定控件,未绑定控件,计算控件
15. 一对多
16. 多个
17. 允许编辑,允许添加
18. 筛选
19. 自动套用格式
20. 控制句柄
21. 字段,表达式
22. 选项组
23. 主窗体,子窗体
24. 格式
25. 复选框,选项按钮
26. 组合框控件
27. 控件来源
28. 组合框,列表框
29. 记录数据
30. 多条记录
31. 顶部
32. 表达式
33. 字段内容
34. 一对多
35. 多个表
36. 标题
37. 一条
38. 窗体视图,数据表视图
39. 允许删除
40. 数据表
41. 设置条件格式
42. 格式,事件
43. 名称
44. 上边距
45. 表格式,堆积式
46. 记录导航,记录操作
47. 徽标
48. 字段列表
49. 格式文本
50. 数据表
51. 窗体视图,数据表视图
52. 布局视图
53. 分割窗体分隔条
54. 控件向导
55. 控件
56. 链接主字段
57. 链接子字段
58. 分割窗体方向
59. Docmd. Openquery "qT"
60. 表
61. OpenQuery
62. Change

8.3　问答题答案

1.【答】　窗体有以下作用:

(1) 通过窗体可以显示和编辑数据库中的数据。

通过窗体可以更方便、更直观地显示和编辑数据库中的数据。

（2）通过窗体可以显示数据字段的提示信息。

通过窗体可以显示一些解释或警告信息，以便及时告诉拥护即将发生的事情，例如用户要删除一条记录，可显示一个提示对话框窗口要求用户进行确认。

（3）通过窗体可以控制程序运行。

通过窗体可以将数据库的其他对象联结起来，并控制这些对象进行工作。例如，可以在窗体上创建一个命令按钮，通过单击命令打开一个查询、报表或表对象等。

（4）查看和打印数据，窗体可以对数据进行排序和筛选，并可对窗体数据进行打印和输出。

在 Access 中，可将窗体中的信息打印出来，供用户使用。

2.【答】 窗体有 6 种视图：窗体视图、布局视图、设计视图、数据表视图、数据透视表视图、数据透视图视图。

（1）窗体视图是窗体运行时的视图，用于实时显示、查看或者录入数据记录，此时无法修改窗体中的控件属性。

（2）布局视图是修改窗体最直观的视图，可对窗体进行几乎所有需要的更改。在布局视图中，窗体实际正在运行，此时看到的数据与它们在窗体视图中的显示外观非常相似。由于可以在修改窗体的同时看到数据，因此，它是非常有用的视图，可用于设置控件大小或执行几乎所有其他影响窗体的外观和可用性的任务。

（3）设计视图提供了更详细的窗体结构，可以看到窗体的页眉、主体和页脚部分。在设计视图中窗体处于不运行状态，因此，在进行设计方面的更改时，无法看到基础数据。在设计视图，可以向窗体添加各种类型的控件，例如标签、图像、线条和矩形；可以直接在文本框中编辑文本框控件来源；可以调整窗体页眉、页面页眉页脚以及主体的大小；可以更改无法在布局视图中更改的某些窗体属性。

（4）数据表视图是以表格的形式显示表或查询中的数据。它的显示效果与表或查询对象的数据表视图相类似。在数据表视图中可以快速查看和编辑数据。

（5）数据透视表视图用于创建数据透视表。

（6）数据透视图视图用于创建数据透视图。

3.【答】 控件是用于显示数据、执行操作或作为装饰的对象。在 Access 中，控件包括：文本框、标签、选项组、选项按钮、复选框、列表框、命令按钮、选项卡控件、切换按钮、组合框、子窗体或子报表、直线、矩形、绑定对象框、图表、未绑定对象框、图像、分页符、超链接、附件、ActiveX 控件。

根据控件与窗体数据源的关系，控件可以分为绑定控件、未绑定控件和计算控件。绑定控件的数据源为表或查询中的字段。使用绑定控件可以显示数据库中字段的值。这些值可以是文本、日期、数字、是/否值、图片或图形。未绑定控件为无数据源的控件，"控件来源"没有绑定字段或者表达式。使用未绑定控件可以显示文本、线条、矩形和图片等。计算控件的数据源是表达式而不是字段。计算控件通过定义表达式来指定其数据源的值。表达式可以是运算符、控件名称、字段名称、返回单个值的函数以及常量值的组合，计算结果只能为单个值。表达式所使用的数据可以来自窗体的基础表或查询中的字段，也可以来自窗体上的其他控件。

4.【答】 控件都具有格式、数据、事件、其他等主要属性。

格式属性中常包含标题、可见性、高度、宽度、颜色、背景等具体属性。

数据属性中常包含控件来源、可用、是否锁定、默认值、有效性规则、有效性文本等具体属性。

事件属性中常包含单击、双击、获得焦点、失去焦点、鼠标按下、设备移动、鼠标释放等具体属性。

其他属性中常包含名称、控件提示文本、帮助上下文 ID、标记等具体属性。

5.【答】 Access 中提供了未绑定对象框来显示和编辑 Word、Excel 等 OLE 对象,将 Word 文档插入到未绑定对象框的方法如下:

在"窗体设计工具 设计"选项卡的"控件"命令组中选择"未绑定对象框"控件,在窗体的空白处单击,在弹出的插入对象对话框中,选择"由文件创建"选项,然后单击"浏览"按钮选择一个 Word 文档,单击"确定"按钮。

插入后未绑定对话框中的 Word 文档此时是不可编辑的,将"可用"属性改为"是","是否锁定"属性改为"否",则可对文档进行编辑。

6.【答】 在 Access 2007 中,一个窗体主要由 5 部分组成,分别是窗体页眉、页面页眉、主体、页面页脚、窗体页脚。

(1) 窗体页眉:用于放置和显示与数据相关的一些信息,如标题、公司标志或者其他需要与数据记录分开的一些信息,比如当前日期、时间以及打开相关窗体或运行其他任务的命令按钮等。注意,窗体页眉内容在打印的时候,只在第一页的页眉打印。

(2) 页面页眉:页面页眉区域的内容显示在打印文件的每个页面之上,一般显示标题、字段标题或者所需要的其他信息,在打印的第一页显示在窗体页眉内容之下。

(3) 主体:主体区域是窗体的核心区域,用来显示数据记录,用于显示数据的控件在此区域进行排列,这个区域是窗体必须具备的区域。打印窗体时,页面内容为窗体主体中的内容。

(4) 页面页脚:在每一页的底部显示日期、页码或所需要的其他信息。页面页眉页脚的内容除了在设计视图显示外,在布局视图和窗体视图都不会显示,只有打印的时候,页面页脚的内容才会出现。

(5) 窗体页脚:窗。

体页脚是在主体下方的一个区域,用于放置和显示与数据相关的辅助信息,如当前记录以及如何录入数据等。注意,窗体页脚内容在打印的时候,只在最后一页的页脚打印。

7.【答】 使用自动窗体方式创建窗体时,要求提供数据源的只能是单个表或者查询。如果创建的窗体中的数据来自多个表或者查询,需要先利用这些表或者查询创建一个查询,再以该查询作为数据源。

利用自动窗体方式可以创建纵栏式窗体、表格式窗体、数据表式窗体、数据透视图窗体和数据透视表窗体。

8.【答】 用于创建主窗体和子窗体的表之间必须满足是一对多的关系。若要使子窗体中的内容随主窗体中的记录的改变而改变,只需要建立主窗体和子窗体之间的一对多的关系就可以了。

第 9 章　报表的创建与应用

9.1 选择题

1. Access 2007 的报表视图不包括(　　)。
   A. 数据表视图　　　B. 布局视图　　　C. 设计视图　　　D. 报表视图
2. 在 Access 中,报表是按(　　)来设计的。
   A. 节　　　　　　　B. 段落　　　　　C. 字段　　　　　D. 章
3. 如果报表上的控件数据总是取自于查询或者表,那么该控件为(　　)。
   A. 绑定控件　　　　B. 未绑定控件　　C. 计算控件　　　D. ActiveX 控件
4. 下列关于报表的说法中错误的是(　　)。
   A. 报表由从表或查询获取的信息以及在设计报表时所输入的信息组成
   B. 可以对报表的数据进行查找、排序和筛选
   C. 报表是数据库中用户和应用程序之间的主要接口
   D. 报表可以包含文字、图形、图像、声音和视频
5. 下面关于报表对数据的处理中叙述正确的是(　　)。
   A. 报表只能输入数据　　　　　　　　B. 报表只能输出数据
   C. 报表可以输入和输出数据　　　　　D. 报表不能输入和输出数据
6. 以下关于报表的叙述正确的是(　　)。
   A. 在报表中必须包含报表页眉和报表页脚
   B. 在报表中必须包含页面页眉和页面页脚
   C. 报表页眉打印在报表每页的开头,报表页脚打印在报表每页的末尾
   D. 报表页眉打印在报表第一页的开头,报表页脚打印在报表最后一页的末尾
7. 以下关于报表组成的叙述,错误的是(　　)。
   A. 报表显示数据的主要区域是主体
   B. 打印在每页的底部,用来显示本页的汇总说明的区域是页面页脚
   C. 用来显示报表中的字段名称或记录的分组名称的区域是报表页眉
   D. 用来显示整份报表的汇总说明,只打印在报表的结束处的区域是报表页脚
8. 用于实现报表的分组统计数据的操作区间的是(　　)。
   A. 报表的主体区域　　　　　　　　　B. 页面页眉或页面页脚区域
   C. 报表页眉或报表页脚区域　　　　　D. 组页眉或组页脚区域
9. 关于报表数据源的设置,以下说法正确的是(　　)。
   A. 只能是表对象　　　　　　　　　　B. 只能是查询对象

C. 可以是任意对象   D. 可以是表对象或查询对象

10. 可作为报表记录源的是（　　）。

    A. 表   B. 查询

    C. SELECT 语句   D. 以上都可以

11. 在报表中，要计算"数学"字段的最高分，应将控件的"控件来源"属性设置为（　　）。

    A. ＝Max（[数学]）   B. Max(数学)

    C. ＝Max[数学]   D. ＝Max(数学)

12. 在报表中添加控件对象以显示当前系统日期和时间，则应将该控件的"控件来源"属性设置为（　　）。

    A. ＝Now()   B. ＝Time()   C. ＝Date()   D. ＝Year()

13. 报表的设计视图中有一个文本框控件，该控件的控件来源属性设置为"＝[Page] & "/" & [Pages] & "Pages""。该报表共 7 页，则打印预览报表时第 4 页报表的页码输出为（　　）。

    A. 第 4 页共 7 页   B. 4/7

    C. 4Page/7Pages   D. 4/7Pages

14. 要在报表上显示格式为"7/总 10 页"的页码，则计算控件的控件源应设置为（　　）。

    A. [Page]/总[Pages]

    B. ＝[Page]"/总"[Pages]

    C. [Page] & "/总" & [Pages]

    D. ＝[Page] & "/总" & [Pages] & "页"

15. 为了在报表的每一页底部显示页码号，那么应该设置（　　）。

    A. 报表页眉   B. 页面页眉   C. 页面页脚   D. 报表页脚

16. 报表的页面页眉节主要用来（　　）。

    A. 显示记录数据   B. 显示汇总说明

    C. 显示报表中数据的列标题   D. 显示报表标题、图形或说明性文字

17. 在使用报表设计器设计报表时，如果要统计报表中某个字段的全部数据，应将计算表达式放在（　　）。

    A. 组页眉/组页脚   B. 页面页眉/页面页脚

    C. 报表页眉/报表页脚   D. 主体

18. 如果要在整个报表的最后输出信息，需要设置（　　）。

    A. 页面页脚   B. 报表页脚   C. 页面页眉   D. 报表页眉

19. 在设计表格式报表过程中，如果控件版面布局按纵向布置显示，则会设计出（　　）。

    A. 标签报表   B. 纵栏式报表   C. 图表报表   D. 自动报表

20. 通过（　　）格式，可以一次性更改报表中所有文本的字体、字号及线条粗细等外观属性。

    A. 自动套用   B. 自定义   C. 自动创建   D. 图表

21. 要实现报表的分组统计，其操作区域是（　　）。

    A. 报表页眉或报表页脚   B. 页面页眉或页面页脚

    C. 主体   D. 组页眉或组页脚

22. 在( )中，一般是以大字体将该份报表的标题放在报表顶端的一个标签控件中。

    A. 报表页眉   B. 页面页眉   C. 报表页脚   D. 页面页脚

23. 用来处理每条记录，其字段数据均须通过文本框或其他控件绑定显示的是( )。

    A. 主体   B. 主体节   C. 页面页眉   D. 页面页脚

24. 在报表设计中，以下可以做绑定控件显示字段数据的是( )。

    A. 文本框   B. 标签   C. 命令按钮   D. 图像

25. 图 2-9 是某个报表的设计视图，根据视图内容，可以判断分组字段是( )。

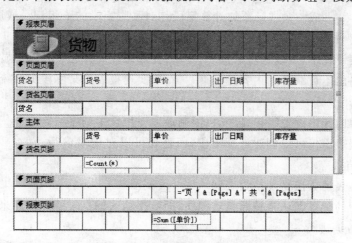

图 2-9　报表设计视图的一种设置

    A. 货名   B. 货号   C. 单价   D. 无分组字段

26. 报表输出不可缺少的内容是( )。

    A. 主体内容   B. 页面页眉内容   C. 页面页脚内容   D. 报表页眉

27. 可以更直观地表示数据之间的关系的报表是( )。

    A. 纵栏式报表   B. 表格式报表   C. 图表报表   D. 标签报表

28. 如果设置报表上某个文本框的控件来源属性为"$=2*4+1$"，则打开报表视图时，该文本框显示信息是( )。

    A. 未绑定   B. 9   C. $2*4+1$ D. 出错

29. 可以建立多层次的组页眉及组页脚，但最多不能超过( )。

    A. 6 层   B. 8 层   C. 10 层   D. 12 层

30. 计算控件的控件来源计算表达式以( )开头。

    A. =   B. −   C. >   D. <

9.2　填空题

1. 报表主要由_____、_____、组页眉、_____、组页脚、页面页脚和报表页脚等部分组成，每个部分称为一个_____。

2. 在 Access 2007 中，报表的视图有_____、_____、_____和_____。

3. 根据报表的输出形式可以把报表分为 4 种类型：纵栏式报表、表格式报表、图表报表和_____。

4. 插入到其他报表中的报表称为_____。

5. 提供基础数据的表或查询称为报表的_____。

6. 报表的节的类型包括报表页眉、页面页眉、组页眉、_____、页面页脚、报表页脚。

7. 将字段从"字段列表"窗格拖动到报表上，Access 会自动为_____、备注、_____、日期/时间、货币、超链接类型的字段创建文本框。

8. 计算控件的控件来源必须是_____开头的计算表达式。

9. 一个报表最多可以对_____个字段或表达式进行分组。

10. 在_____或_____添加计算字段是对某些字段的一组记录或所有记录进行求和或求平均统计计算的。

11. 在报表设计中，可以通过添加_____控件来控制另起一页输出显示。

12. 报表输出不可缺少的内容是_____，要实现报表按某字段分组统计输出，需要设置_____。

13. 在报表向导中设置字段排序时，限制最多一次设置的字段是_____个。

14. 利用报表不仅可以创建计算字段，而且还可以对记录进行_____以便计算出各组数据的汇总结果等。

15. 预览报表的方法是切换报表到_____视图。

16. 报表中的记录默认是按照自然顺序，即数据输入的_____顺序来排列显示的，可以对报表中的数据进行_____。

17. 在_____或_____添加计算字段对某些字段的一组记录或所有记录进行求和或求平均统计计算时，这种形式的统计计算一般是对报表字段列的纵向记录数据进行统计，而且要使用 Access 提供的_____来完成相应计算操作。

18. 除可以使用报表工具和报表向导功能创建报表外，Access 中还可以使用_____创建一个新报表。

19. 可以将鼠标放在节的底边或右边上，上下拖动鼠标改变节的_____，或左右拖动鼠标改变节的_____。也可以将鼠标放在节的右下角上，然后沿对角线的方向拖动鼠标，同时改变节的_____。

20. 当设置为容纳文本打印时，设置主体节的_____属性为"是"，主体节会垂直展开。

21. 当设置为除去空白行打印时，设置控件的_____属性为"是"，控件会垂直回缩。

22. 报表的_____属性可以设定在生成报表所有页之前，禁止其他用户修改报表所需要的数据。

23. 可以用来创建用户的帮助文本是报表的_____属性。

24. 将报表与某一数据表或查询绑定起来是_____的属性。

25. 如果不需要页眉或页脚，可以将相应节的_____属性设置为"否"，或者删除该节的所有控件，将其高度属性设置为 0。

26. 要设计出带表格线的报表，需要向报表中添加_____控件完成表格线显示。

27. 在创建报表的过程中，可以控制数据输出的内容、输出对象的显示或打印格式，还可以在报表制作过程中，进行数据的_____。

28. 可以建立多层次的组页眉及组页脚，做多不能超过_____层。

29. 使用_____对话框,可以设置条件更改报表上控件的外观,或更改控件中的值的外观。

30. 每份报表只有_____个报表页眉。

31. 要在报表上显示格式为"3/总共 5 页"的页码,则计算控件的控件来源应设置为_____。

32. 页面页脚的内容在报表的_____打印输出。

33. 报表页脚的内容只在报表的_____打印输出。

34. 报表标题一般放在_____中。

35. 子报表在链接到主报表之前,应当确保已经正确地建立了_____。

36. 报表通过_____可以实现同组数据的汇总和显示输出。

37. 报表页眉的内容只在报表的_____打印输出。

38. 一个主报表最多只能包含_____级子窗体或子报表。

39. 页面页眉的内容在报表的_____打印输出。

40. 计算控件的控件源是_____。

41. 在报表设计中,可以通过在组页眉或组页脚中创建_____显示记录的分组汇总数据。

42. 计算控件就是任何具有_____属性的控件,最常用的计算控件是_____。在创建计算控件时,应当在_____属性框中输入计算表达式,在这个表达式前面应当加上一个_____。如果计算控件是文本框,也可以直接在_____中输入表达式。

43. 在报表设计过程中,可以通过_____向导将某种预定义格式应用于报表。

44. 报表除了直接打印外,还可以把报表导出为别的格式文件,然后通过_____发送给用户。

45. 可以在报表的布局视图的"报表布局工具 格式"选项卡上的"分组和汇总"组中,单击"分组和排序"命令按钮显示_____窗格。

46. 如果设置报表上某个文本框的"控件来源"属性为"＝3＊4＋5",则打开报表视图时,该文本框显示的信息是_____。

47. 主子报表通常用于显示具有_____关系的多个表或查询的数据。

48. 在报表中插入日期时间时,Access 将在报表上添加一个_____控件。

49. 报表数据输出不可缺少的内容是_____内容。

50. 报表主要用于对数据库中的数据进行_____、计算、汇总和打印输出。

51. 一个主报表最多只能包含_____子窗体或子报表。

52. 在报表设计中,可以通过添加_____控件来控制另起一页输出显示。

9.3 问答题

1. 有哪些常用的报表类型?它们各有什么特点?

2. 报表有哪几种视图?各自有哪些用途?

3. 报表由哪几部分组成?每部分的作用是什么?

4. 报表和窗体的区别是什么?

5. 如何在报表的背景添加图片以增加显示效果?

6. 如何在报表的布局视图中添加总计？

7. 如何设定报表的主题格式？

8. 如何打印报表？

参 考 答 案

9.1　选择题答案

1. A	2. A	3. A	4. C	5. B	6. D	7. C	8. D
9. D	10. D	11. A	12. A	13. D	14. D	15. C	16. C
17. C	18. B	19. B	20. A	21. D	22. A	23. B	24. A
25. A	26. A	27. C	28. B	29. C	30. A		

9.2　填空题答案

1. 报表页眉,页面页眉,主体,节

2. 报表视图,打印视图,布局视图,设计视图

3. 标签报表　　　　　　　　4. 子报表

5. 数据源　　　　　　　　　6. 组页脚

7. 文本,数字　　　　　　　8. ＝

9. 10　　　　　　　　　　　10. 分组页脚,报表页脚

11. 分页符　　　　　　　　　12. 主体,分组

13. 4　　　　　　　　　　　14. 分组

15. 打印预览　　　　　　　　16. 先后,排序

17. 组页眉/组页脚节区内,报表页眉/报表页脚节区内,内置统计函数

18. 报表设计视图　　　　　　19. 高度,宽度,高度和宽度

20. 可以扩大　　　　　　　　21. 可以缩小

22. 记录锁定　　　　　　　　23. 帮助上下文 ID

24. 记录来源　　　　　　　　25. 可见

26. 直线或矩形　　　　　　　27. 统计计算

28. 10　　　　　　　　　　　29. 设置条件格式

30. 一　　　　　　　　　　　31. ＝[Page] & "/总共" & [Pages] & "页"

32. 每页底部　　　　　　　　33. 最后一页数据末尾

34. 报表页眉　　　　　　　　35. 表间关系

36. 分组　　　　　　　　　　37. 第一页顶部

38. 2　　　　　　　　　　　39. 每页顶部

40. 计算表达式　　　　　　　41. 计算型控件

42. 控件来源,文本框,控件来源,＝,文本框

43. 自动套用格式　　　　　　44. 电子邮件

45. 分组、排序和汇总　　　　46. 17

47. 一对多　　　　　　　　　48. 文本框

49. 主体节　　　　　　　　　50. 分组

51. 两级　　　　　　　　　　52. 分页符

9.3 问答题答案

1.【答】 常见的报表类型有纵栏式报表、表格式报表、图表报表、标签报表。

（1）纵栏式报表。纵栏式报表在一页的主体节内以垂直列表的方式显示记录信息。每个字段显示在一个独立的行。

（2）表格式报表。表格式报表一般每条记录显示为一行，每个字段显示为一列。在一页中显示多条记录。

（3）图表报表。图表报表是指以图表为主要内容的报表。图表可以直观地表示出数据之间的关系。

（4）标签报表。标签是一种特殊形式的报表。主要用于输出和打印不同规格的标签，如价格标签、书签、信封、名片和邀请函等。

2.【答】 报表的视图有报表视图、打印预览、布局视图、设计视图。

（1）报表视图。报表视图可以执行数据的筛选和查找操作，该视图是报表的数据显示视图效果，并不是实际的打印效果。

（2）打印预览。打印预览直接查看报表的打印效果，如果效果不理想，可以随时更改打印设置，在打印预览中，可以放大查看细节，也可以缩小以查看数据在页面上放置的位置如何。

（3）布局视图。布局视图是更改报表时最易于使用的一种视图，它提供了微调报表所需的大多数工具。可以调整列宽、将列重新排列、添加或修改分组级别和汇总。还可以在报表设计上放置新的字段，并设置报表及其控件的属性。采用布局视图的好处是可以在对报表格式进行更改的同时查看数据，因而可以立即看到所做的更改对数据显示的影响。但布局视图不能直接添加常用控件，如标签、按钮等。

（4）设计视图。设计视图显示了报表的基础结构，并提供了比布局视图更多的设计工具和功能。例如，可以在报表上放置更多种类的控件，可以更精确地调整控件的对齐方式，以及设置比布局视图中更多的属性。

3.【答】 报表可以由 7 个节构成，分别是报表页眉、页面页眉、组页眉、主体、组页脚、页面页脚、报表页脚。

（1）报表页眉。报表页眉仅在报表开头显示一次。使用报表页眉可以放置通常可能出现在封面上的信息，如徽标、标题或日期。如果将使用 Sum 聚合函数的计算控件放在报表页眉中，则计算后的总和是针对整个报表的。报表页眉显示在页面页眉之前。

（2）页面页眉。页面页眉本节显示在每一页的顶部。例如，使用页面页眉可以在每一页上重复报表标题。

（3）组页眉。组页眉显示在每个新记录组的开头。使用组页眉可以显示组名称。例如，在按课程分组的选课报表中，可以使用组页眉显示课程名称。如果将使用 Sum 聚合函数的计算控件放在组页眉中，则总计是针对当前组的。

（4）主体。主体是用来定义报表中最主要的数据输出内容和格式，针对每条记录进行处理，各字段数据通过文本框或者其他绑定控件显示出来。主体对于记录源中的每一行只显示一次。

（5）组页脚。组页脚显示在每个记录组的结尾。使用组页脚可以显示组的汇总信息。

（6）页面页脚。页面页脚显示在每一页的结尾。使用页面页脚可以显示页码或每一页的特定信息。

（7）报表页脚。报表页脚仅在报表结尾显示一次。使用报表页脚可以显示针对整个报表的报表汇总或其他汇总信息。

4.【答】 窗体通常用来输入数据，而报表用来在屏幕或纸上输出数据；窗体和报表都基于表或查询，但窗体可以添加新数据或改变原有数据。

5.【答】 具体操作步骤如下：

（1）在设计视图中打开报表。

（2）打开报表属性窗口。

（3）单击"格式"选项卡，选择其中的"图片"属性进行背景图片的设置。

（4）设置背景图片的其他属性。

6.【答】（1）在导航窗格中，右击报表，然后单击"布局视图"命令。

（2）单击要汇总的字段。

（3）在"报表布局工具 格式"选项卡的"分组和汇总"命令组中，单击"总计"命令按钮并从中选择有关函数。

7.【答】（1）打开需要使用主题格式的报表，切换到设计视图。

（2）单击"报表设计工具 排列"选项卡的"自动套用格式"按钮，打开主题格式列表。

（3）选择要使用的格式，如"平衡"，报表随即就会使用该主题格式。也可以选择"自动套用格式向导"选项，显示自动套用格式对话框，通过单击选择所需的报表格式。

8.【答】（1）在导航窗格中，选择要打印的报表。

（2）单击 Office 按钮，然后单击"打印"命令，将出现"打印"对话框。

（3）根据需要在对话框中设置或更改选项，然后单击"确定"按钮打印报表。

第 10 章　　　宏的创建与应用

10.1　选择题

1. 宏的英文名称是（　　）。
   A. Macro　　　　　　B. View　　　　　　C. Form　　　　　　D. Page

2. 宏是一个或多个（　　）的集合。
   A. 命令　　　　　　B. 操作　　　　　　C. 对象　　　　　　D. 条件

3. 下列关于宏操作的叙述错误的是（　　）。
   A. 可以使用宏组来管理相关的一系列宏
   B. 使用宏可以启动其他应用程序
   C. 所有宏操作都可以转化为相应的模块代码
   D. 宏的关系表达式中不能应用窗体或报表的控件值

4. 有关宏的基本概念，以下叙述错误的是（　　）。
   A. 宏是由一个或多个操作组成的集合
   B. 宏可以是包含操作序列的一个宏
   C. 可以为宏定义各种类型的操作
   D. 由多个操作构成的宏，可以没有次序地自动执行一连串的操作

5. 如需限制宏命令的操作范围，可以在创建宏时定义（　　）。
   A. 宏操作对象　　　　　　　　　　B. 宏操作目标
   C. 宏条件表达式　　　　　　　　　D. 窗体或报表的控件属性

6. 宏中的每个操作都有名称，用户（　　）。
   A. 能够更改操作名　　　　　　　　B. 不能更改操作名
   C. 能对有些宏名进行更改　　　　　D. 能够调用外部命令更改操作名

7. 在宏操作列表中，对于连续重复的条件可以使用（　　）符合替代重复条件表达式。
   A. =　　　　　　　　B. ，　　　　　　　　C. ；　　　　　　　　D. …

8. 表达式 IsNull（[姓名]）的含义是（　　）。
   A. 没有"姓名"字段　　　　　　　　B. 判断"姓名"字段是否为空值
   C. "姓名"字段值是空值　　　　　　D. 判断是否存在"姓名"字段

9. 在宏的 Close 操作中，如果不指定对象，此操作将会（　　）。
   A. 关闭正在使用的窗体或报表　　　B. 关闭正在使用的表
   C. 关闭正在使用的应用程序　　　　D. 关闭正在使用的数据库

10. 用于打开报表的宏命令是（　　　）。

    A. OpenForm　　　　B. OpenReport　　　　C. OpenTable　　　　D. OpenQuery

11. 打开查询的宏操作是（　　　）。

    A. OpenForm　　　　B. OpenQuery　　　　C. OpenTable　　　　D. OpenModule

12. 用于最大化激活窗口的宏命令是（　　　）。

    A. Minimize　　　　B. Requery　　　　C. Maximize　　　　D. Restore

13. 若要退出 Microsoft Access，则应使用的宏操作是（　　　）。

    A. Exit　　　　B. Return　　　　C. Quit　　　　D. Revoke

14. 显示包含警告信息或其他信息的消息框，应该使用的宏操作是（　　　）。

    A. Echo　　　　B. Message　　　　C. Warn　　　　D. MsgBox

15. 用于在表、查询、窗体或报表中搜索特定记录的宏操作是（　　　）。

    A. SetTempVar　　　　　　　　　　B. SearchForRecord

    C. SELECTObject　　　　　　　　　D. ShowAllRecords

16. 为窗体或报表的控件设置属性值的正确宏操作命令是（　　　）。

    A. Set　　　　B. SetData　　　　C. SetValue　　　　D. SetWarnings

17. 在启动数据库时触发的宏，应当命名为（　　　）。

    A. Echo　　　　B. Autoexec　　　　C. Autobat　　　　D. Auto

18. 定义（　　　）有利于数据库中宏对象的管理。

    A. 宏　　　　B. 宏组　　　　C. 宏操作　　　　D. 宏定义

19. 在 Access 系统中提供了（　　　）执行的宏调试工具。

    A. 单步　　　　B. 同步　　　　C. 运行　　　　D. 继续

20. 用于关闭或打开系统消息的宏命令是（　　　）。

    A. Close　　　　B. Open　　　　C. Restore　　　　D. SetWarnings

21. 用于使计算机发出"嘟嘟"声的宏命令是（　　　）。

    A. Echo　　　　B. MsgBox　　　　C. Beep　　　　D. Restore

22. 用于退出 Access 的宏命令是（　　　）。

    A. Creat　　　　B. Quit　　　　C. Ctrl＋All＋Del　　　　D. Close

23. VBA 的自动运行宏，应当命名为（　　　）。

    A. AutoExe　　　　B. AutoKeys　　　　C. AutoExec　　　　D. AutoExec. bat

24. 宏组中宏的调用格式是（　　　）。

    A. 宏组名. 宏名　　　　　　　　　　B. 宏组名！宏名

    C. 宏组名［宏名］　　　　　　　　　D. 宏组名（宏名）

25. 引用窗体控件的值，可以用的宏表达式是（　　　）。

    A. Forms！控件名！窗体名　　　　　B. Forms！窗体名！控件名

    C. Forms！控件名　　　　　　　　　D. Forms！窗体名

26. 引用报表控件的值，可以用的宏表达式是（　　　）。

    A. Reports！报表名　　　　　　　　B. Reports！控件名

    C. Reports！控件名！报表名　　　　D. Reports！报表名！控件名

27. 某窗体中有一个命令按钮,在窗体视图中单击此命令按钮打开另一个窗体,需要执行的宏操作是(   )。

    A. OpenForm   B. OpenReport   C. OpenTable   D. OpenQuery

28. 用于在报表或窗体数据集中指定记录为当前记录的宏命令是(   )。

    A. FindRecord   B. NextRecord   C. GoToRecord   D. NavigateTo

29. 在宏的表达式中要引用报表 exam 上控件 Name 的值,可以使用引用式(   )。

    A. Reports! Name   B. Reports! exam! Name

    C. exam! Name   D. Reports exam Nam

30. 在宏的表达式中要引用报表 Date 上控件 txt_name 的值,可以使用引用式(   )。

    A. Date! txt_name   B. Reports! Date! txt_name

    C. txt_name   D. Reprot! txt_name

31. 用于执行指定的外部应用程序的宏命令是(   )。

    A. RunApp   B. RunForm   C. RunValue   D. RunSQL

32. 使用宏组的目的是(   )。

    A. 设计出功能复杂的宏   B. 设计出包含大量操作的宏

    C. 减少程序内存消耗   D. 对多个宏进行组织和管理

33. 宏组是由(   )组成的。

    A. 多个宏   B. 多个宏操作   C. 程序代码   D. 模块

10.2 填空题

1. 宏的构建基础是_____。

2. 根据宏所在的位置,可以将宏分为两类,宏对象与_____。

3. 宏本身不会自动运行,必须由_____来触发。

4. 一个宏对象可以由一个宏或者多个宏组成,由多个宏组成的宏对象称为_____。

5. 在宏操作中,向操作提供信息的值称为_____。

6. 宏是由一个或多个_____组成的集合,其中每个_____都实现特定的功能。

7. 使用_____可确定在某些情况下运行宏时,是否执行某个操作。

8. 由多个操作构成的宏,执行时是按照_____执行的。

9. 宏中条件项是逻辑表达式,返回值只有_____和_____。

10. 宏是 Access 的一个对象,其主要功能是_____。

11. 在宏中添加了某个操作之后,可以在宏设计器的下部设置这个操作的_____。

12. 定义_____有利于数据库中宏对象的管理。

13. 经常使用的宏运行方法是:将宏赋予某一窗体或报表控件的_____,通过触发事件运行宏或宏组。

14. 嵌入的宏可以另外为宏对象,宏对象可以另存为_____。

15. 宏组事实上是一个冠有_____的多个宏的集合。

16. 如果要建立一个宏,希望执行该宏后,首先打开一个表,然后打开一个窗体,那么在该宏中应该使用 OpenTable 和_____两个操作命令。

17. 在设计条件宏时,对于连续重复的条件,可以用_____符号来代替重复条件式。

18. 直接运行宏组时,只执行_____所包含的所有宏操作。

19. 如果要引用宏组中的宏,采用的语法是_____。

20. 在宏的表达式中引用窗体控件的值可以用表达式_____。

21. 打开宏设计窗口后,默认的只有_____和_____两列,要添加"宏名"列应该单击工具栏上的_____按钮;要添加"条件"列应该单击工具栏上的_____按钮。

22. VBA的自动运行宏,即在数据库打开时自动执行,必须命名为_____。如果在启动时不想运行该宏,则可以再按住_____键。

23. 打开一个表应该使用的宏操作是_____,打开一个查询应该使用的宏操作是_____,打开一个报表应该使用的宏操作是_____。

24. 宏不能独立执行,要与能够_____宏的_____关联。当触发了事件,才会执行这个_____。

25. 要显示表的所有记录,可使用_____操作。

26. 在建立宏的过程中,可能会遇到各种原因致使宏不能正常运行,或者不能完成预定的功能。在 Access 中,可以使用_____命令对宏进行测试。

27. Beep 操作的作用是_____,MsgBox 操作的作用是_____。

28. 如果要创建菜单栏,此时,应先创建一个宏,在此宏中的"操作"列中应选择的操作是_____,要将该宏添加到窗体中,形成菜单栏,需要在窗体_____属性中设置为该宏。

29. 宏操作包括_____列、_____列、_____列、参数列和注释列。

30. 在当前窗体上,若要实现将焦点移动到指定控件,应使用的宏操作命令是_____。

31. 用于执行指定 SQL 语句的宏操作是_____。

32. 在一个查询集中,要将指定的记录设置为当前记录,应该使用的宏操作命令是_____。

10.3 问答题

1. 什么是宏?

2. 有几种类型的宏? 它们有什么区别?

3. 什么是宏组? 如何创建以及引用宏组中的宏?

4. 控制窗体的宏操作有哪些? 试举例说明。

5. 如何编辑嵌入的宏?

6. 运行宏有几种方法? 各有什么不同?

7. 如何将宏转换成相应的 VBA 代码?

参 考 答 案

10.1 选择题答案

1. A   2. B   3. D   4. D   5. C   6. B   7. D   8. B
9. B   10. B   11. B   12. C   13. C   14. D   15. B   16. C
17. B   18. B   19. A   20. D   21. C   22. B   23. C   24. A

25. B   26. D   27. A   28. C   29. B   30. B   31. A   32. D
33. A

10.2 填空题答案

1. 操作
2. 嵌入的宏
3. 事件
4. 宏组
5. 参数
6. 操作,操作
7. 条件宏
8. 宏命令的排列顺序
9. 真,假
10. 使操作自动进行
11. 操作参数
12. 宏组
13. 事件属性值
14. 模块
15. 不同宏名
16. OpenForm
17. …
18. 第一个宏
19. 宏组名.宏名
20. Form! 报表名! 控件名
21. 操作,注释,宏名,条件
22. AutoExec,Shift
23. OpenTable,OpenQuery,OpenReport
24. 触发,事件,宏
25. ShowAllRecords
26. 单步
27. 使扬声器发出嘟嘟声,返回一个消息框
28. AddMenu,菜单栏
29. 宏名,条件,操作
30. SetFocus
31. RunSQL
32. GoToRecord

10.3 问答题答案

1. 【答】 宏是一个或多个操作的集合,其功能是实现操作的自动化。

2. 【答】 宏有两种类型:宏对象、嵌入的宏。导航窗格中的"宏"下面看到的对象称为宏对象。宏对象又分为单个宏和宏组。嵌入的宏存在窗体、报表或控件事件中。

嵌入的宏与宏对象的区别在于嵌入的宏在导航窗格中不可见,它成为了创建它的窗体、报表或控件的一部分。

3. 【答】 宏组就是包含多个宏名的宏。宏组的创建方法与创建单个宏的方法略有不同,宏组由多个宏组成,在操作的宏名列中定义宏组中的各个宏的名称,各个宏的创建与单个宏的创建是一样的。宏组创建完毕后,在导航窗格中会显示该宏组,在事件调用的宏列表中,可以选择宏组的宏对象名称,还可以选择宏组中的宏名。在控件事件的宏列表中直接引用宏组的名称,那么只执行宏组的第一个宏,后续的宏会被忽略。

4. 【答】 控制窗体的宏操作包括打开窗体、关闭窗体、打印窗体、刷新窗体数据、应用窗体筛选。打开和关闭窗体的宏操作命令分别为 OpenForm 和 Close,打印、刷新、筛选的宏操作命令都为 RunCommand,命令参数分别为 Print、Refresh、ApplyFilterSort。

5. 【答】 要编辑嵌入的宏,首先要找到嵌入的宏所在的事件,然后在宏生成器中编辑嵌入的宏。

6. 【答】 宏的运行方式有很多种,独立宏对象可以下列方式运行:

(1) 在导航窗格中定位到宏,然后双击宏名。

(2) 在"数据库工具"选项卡的"宏"命令组中单击"运行宏"命令按钮,然后在"宏名"列

表中单击该宏,然后单击"确定"按钮。

(3) 在宏的设计视图中,单击"宏工具 设计"选项卡,再在"工具"命令组中单击"运行"命令按钮。

(4) 从另一个宏中或从 VBA 模块中运行。宏可以嵌套执行,利用 RunMacro 操作可以把一个宏添加到另一个宏或进程中。

(5) 以响应窗体、报表或控件中发生的事件的形式运行。

(6) 自动执行宏。将宏的名字设为 AutoExec,则在每次打开数据库时,将自动执行该宏,可以在该宏中设置数据库初始化的相关操作。

对于嵌入在窗体、报表或控件中的宏而言,当它处于设计视图中时,可以通过单击"宏工具 设计"选项卡的"运行"命令按钮来运行该宏。在其他情况下,只有当与宏关联的事件触发时,该宏才会运行。

7.【答】 宏对象转换成相应的 VBA 代码具体步骤如下:

(1) 在数据库的导航窗格中,选择"宏"对象下要转化的宏名。

(2) 单击 Office 按钮,并选择"另存为"命令,在"另存为"对话框中的"保存类型"列表中选择"模块",并单击"确定"按钮。

另外,在"数据库工具"选项卡的"宏"命令组中,可以选择"将宏转换为 Visual Basic 代码"命令按钮,直接将宏转换成 VBA 代码。

第 11 章　模块与 VBA 程序设计

11.1　选择题

1. 在 Access 中编写事件过程使用的编程语言是(　　)。
   A. VB　　　　　　B. VBA　　　　　　C. VBScript　　　　　　D. SQL

2. 以下关于标准模块的说法,不正确的是(　　)。
   A. 标准模块一般用于存放其他 Access 数据库对象使用的公共过程
   B. 在 Access 系统中可以通过创建新的模块对象而进入其代码设计环境
   C. 标准模块所有的变量或函数都具有全局特性,是公共的
   D. 标准模块的生命周期是伴随着应用程序的运行而开始,随着关闭而结束

3. 在 VBA 语言中,以下关于运算优先级比较,叙述正确的是(　　)。
   A. 算术运算符>关系运算符>连接运算符>逻辑运算符
   B. 算术运算符>连接运算符>关系运算符>逻辑运算符
   C. 关系运算符>算术运算符>连接运算符>逻辑运算符
   D. 关系运算符>连接运算符>算术运算符>逻辑运算符

4. 下列语句中不能正确定义两个字符型变量的是(　　)。
   A. Dim str1,str2 As String
   B. Dim str1 $,str2 $
   C. Dim str1 As String, str2 As String
   D. Dim str1 As String ：Dim str2 As String

5. 下面对变量的声明,正确的是(　　)。
   A. Dim B J As Integer　　　　　　B. Dim x@x As Integer
   C. Dim Y%Y As Integer　　　　　　D. Dim xin As Integer

6. 用于存放其他过程使用的公共过程的模块称为(　　)。
   A. 类模块　　　　B. 标准模块　　　　C. 宏模块　　　　　　D. 窗体模块

7. 要产生[30,50]之间的随机整数,正确的表达式是(　　)。
   A. Int(Rnd * 20+30)　　　　　　B. Int(Rnd * 21+30)
   C. Int (Rnd * 31+20)　　　　　　D. Int(Rnd * 50)

8. 函数 Len("高等教育 ABC")的值是(　　)。
   A. 14　　　　　　B. 11　　　　　　C. 7　　　　　　　　D. 6

9. 用于获得字符串 str 从第二个字符开始的 3 个字符的函数是(　　)。
   A. Mid(str,2,3)　　　　　　B. Middle(str,2,2)

C. Right(str,2,3)　　　　　　　　D. Left(str,2,3)

10. 函数 Right(Left(Mid("Access_DataBase",10,3),2),1)的值是(　　　)。

A. a　　　　　　B. B　　　　　　C. t　　　　　　D. 空格

11. 以下内容中不属于 VBA 提供的数据验证函数是(　　　)。

A. IsDate　　　　B. IsNull　　　　C. IsNumeric　　　　D. IsTest

12. 表达式"3+4" & "=" & (3+4)的运算结果为(　　　)。

A. 3+4　　　　　B. &3+4　　　　C. (3+4) &　　　　D. 3+4=7

13. 以下可以得到"2+6=8"的结果的 VBA 表达式是(　　　)。

A. "2+6" & "=" & 2+6　　　　　　B. "2+6"+"="+2+6

C. 2+6 & "=" & 2+6　　　　　　　D. 2+6 +"=" + 2+6

14. 下列逻辑表达式中,能正确表示条件"x 和 y 都是奇数"的是(　　　)。

A. x Mod 2 =1 Or y Mod 2 =1　　B. x Mod 2 =0 Or y Mod 2=0

C. x Mod 2 =1 And y Mod 2 =1　　D. x Mod 2 =0 And y Mod 2 =0

15. 如果 X 是一个正的实数,保留两位小数、将千分位四舍五入的表达式是(　　　)。

A. Int(X+0.05)/100　　　　　　B. Int(100 * (X+0.005))/100

C. Int(X+0.005)/100　　　　　　D. Int(100 * (X+0.05))/100

16. 表达式 Fix(−3.25)和 Fix(3.75)的结果分别是(　　　)。

A. −3,3　　　　　　　　　　　B. −4,3

C. −3,4　　　　　　　　　　　D. −4,4

17. VBA 表达式 3 * 3\3/3 的输出结果是(　　　)。

A. 0　　　　　　B. 1　　　　　　C. 3　　　　　　D. 9

18. 在 VBE 的立即窗口输入如下命令,输出结果是(　　　)。

```
x = 4 = 5
?x
```

A. True　　　　　B. False　　　　C. 4=5　　　　　D. 语句有错

19. 布尔型数据转换为其他类型数据时,False 转换为(　　　)。

A. 0　　　　　　B. 1　　　　　　C. −1　　　　　　D. 2

20. 定义了二维数组 A(3 To 5,6),则该数组的元素个数为(　　　)。

A. 18　　　　　　B. 27　　　　　　C. 21　　　　　　D. 30

21. 在 VBA 中有返回值的处理过程是(　　　)。

A. 声明过程　　B. Sub 过程　　　C. Function 过程　　D. 控制过程

22. 能被对象所识别的动作和对象可执行的活动分别称为对象的(　　　)。

A. 方法和事件　B. 事件和方法　　C. 事件和属性　　　D. 过程和方法

23. 当前对象的引用关键字是(　　　)。

A. Active　　　　B. Me　　　　　C. DoCmd　　　　　D. Ctr

24. 能够触发命令按钮的 MouseDown 事件的操作是(　　　)。

A. 在命令按钮上单击　　　　　B. 拖动窗体

C. 鼠标滑过命令按钮　　　　　D. 按下键盘上的某个键

25. 在调试 VBA 程序时,能自动被检查出来的错误是( )。
    A. 语法错误　　　　　　　　　　B. 逻辑错误
    C. 运行错误　　　　　　　　　　D. 语法错误和逻辑错误

26. VBA 代码调试过程中,能够显示出所有在当前过程中变量声明及变量值信息的是( )。
    A. 本地窗口　　　　　　　　　　B. 立即窗口
    C. 监视窗口　　　　　　　　　　D. 快速监视窗口

27. 在 VBA 中,实现窗体打开操作的命令是( )。
    A. DoCmd. OpenForm　　　　　　B. OpenForm
    C. Do. OpenForm　　　　　　　　D. DoOpcn. Form

28. 以下程序段运行后,消息框的输出结果是( )。

```
a = Sqr(5)
b = Sqr(4)
c = a > b
MsgBox c + 2
```

    A. -1　　　　　　B. 1　　　　　　C. 2　　　　　　　　D. 出错

29. 在已建窗体中有一命令按钮(名为 Command1),该按钮的单击事件对应的 VBA 代码为:

```
Private Sub Command1_Click()
  subT. Form. RecordSource = "SELECT * FROM 雇员"
End Sub
```

    单击该按钮实现的功能是( )。
    A. 使用 SELECT 语句查找雇员表中的所有记录
    B. 使用 SELECT 语句查找并显示雇员表中的所有记录
    C. 将 subT 窗体的数据来源设置为一个字符串
    D. 将 subT 窗体的数据来源设置为雇员表

30. 在窗体上有一个命令按钮 Command1,编写事件代码如下:

```
Private Sub Command1_Click()
  Dim d1 As Date
  Dim d2 As Date
  d1 = #12/25/2009#
  d2 = #1/5/2010#
  MsgBox DateDiff("ww", d1, d2)
End Sub
```

    打开窗体运行后,单击命令按钮,消息框中输出的结果是( )。
    A. 1　　　　　　B. 2　　　　　　C. 10　　　　　　D. 11

31. 语句 SELECT CASE X 中,X 为一整型变量,下列 CASE 语句中,表达式错误的是( )。
    A. CASE IS>20　　　　　　　　B. CASE 1 TO 10
    C. CASE 2,4,6　　　　　　　　D. CASE X>10

32. 假定有以下循环结构：

```
Do Until 条件
    循环体
Loop
```

则正确的叙述是(　　)。

    A. 如果条件值为 0,则一次循环体也不执行

    B. 如果条件值为 0,则至少执行一次循环体

    C. 如果条件值不为 0,则至少执行一次循环体

    D. 不论条件是否为 0,至少要执行一次循环体

33. 要想在过程 Proc 调用后返回形参 x 和 y 的变化结果,下列定义语句正确的是(　　)。

    A. Sub Proc (x As Integer, y As Integer)

    B. Sub Proc(ByVal x As Integer, y As Integer)

    C. Sub Proc(x As Integer, ByVal y As Integer)

    D. Sub Proc(ByVal x As Integer, ByVal y As Integer)

34. 在 Access 中,如果变量定义在模块的过程内部,当过程代码执行时才可见,则这种变量的作用域为(　　)。

    A. 程序范围   B. 全局范围   C. 模块范围   D. 局部范围

35. 已定义函数 f(n),其中形参 n 是整型量。下面调用该函数,传递实参为 5,将返回的函数值赋给变量 s。以下正确的是(　　)。

    A. s=f(5)   B. s=f(n)   C. s=Call f(5)   D. s=Call f(n)

36. 下列程序段的功能是实现学生表中"年龄"字段值加 1

```
Dim Str As String
Str = "_____"
DoCmd.RunSQL Str
```

空白处应填入的程序代码是(　　)。

    A. 年龄=年龄+1   B. UPDATE 学生 SET 年龄=年龄+1

    C. SET 年龄=年龄+1   D. EDIT 年龄=年龄+1

37. 窗体上添加有 3 个命令按钮,分别命名为 Command1、Command2 和 Command3。编写 Command1 的单击事件过程,完成的功能为：当单击按钮 Command1 时,按钮 Command2 可用,按钮 Command3 不可见,正确的程序代码是(　　)。

A.
```
Private Sub Command1_Click( )
    Command2.Visible = True
    Command3.Visible = False
End Sub
```

B.
```
Private Sub Command1_Click( )
    Command2.Enabled = True
    Command3.Enabled = False
End Sub
```

C.
```
Private Sub Command1_Click( )
    Command2.Enabled = True
    Command3.Visible = False
End Sub
```

D.
```
Private Sub Command1_Click( )
    Command2.Visible = True
    Command3.Enabled = False
End Sub
```

38. 下列过程的功能是：通过对象变量返回当前窗体的 RecordSet 属性记录集引用，消息框中输出记录集的记录（即窗体记录源）个数。

```
Sub GetRecNum( )
   Dim rs As Object
   Set rs = Me.RecordSet
   MsgBox _____
End Sub
```

程序空白处应填写的是（　　）。

A. Count　　　　B. rs.Count　　　　C. RecordCount　　　　D. rs.RecordCount

39. 在窗体中有一个名称为 Commamd1 的命令按钮，单击该按钮从键盘接收学生成绩，如果输入的成绩不在 0~100 分之间，则要求重新输入；如果输入的成绩正确，则进入后续程序处理。Commamd1 命令按钮的 Click 的事件代码如下：

```
Private Sub Commamd1_Click( )
Dim flag As Boolean
   result = 0
   flag = True
   Do While flag
      result = Val(InputBox("请输入学生成绩:", "输入"))
      If result >= 0 And result <= 100 Then
         _____
      Else
         MsgBox "成绩输入错误,请重新输入"
      End If
   Loop
   Rem 成绩输入正确后的程序代码略
End Sub
```

程序中有一空白处，需要填入一条语句使程序完成其功能。下列选项中错误的语句是（　　）。

A. flag＝False　　　　　　　　B. flag＝Not flag

C. flag＝True　　　　　　　　D. Exit Do

40. 以下程序段运行结束后，变量 x 的值为（　　）。

```
x = 2
y = 4
Do
   x = x * y
   y = y + 1
Loop While y < 4
```

A. 2　　　　　B. 4　　　　　C. 8　　　　　D. 20

41. 假定有以下程序段

```
n = 0
For a = 1 To 5
For b = 2 To 10 Step 2
   n = n + 1
```

```
      Next b
    Next a
```

运行完毕后,n 的值是(   )。

    A. 0   B. 1   C. 10   D. 25

42. 假定有以下程序段:

```
For i = 1 To 3
    n = 0
    For j = - 4 To - 1
      n = n + 1
    Next j
  Next i
```

运行完毕后,n 的值是(   )。

    A. 0   B. 3   C. 4   D. 12

43. 在窗体上添加一个命令按钮(名为 Command1),然后编写如下事件过程:

```
Private Sub Command1_Click()
For i = 1 To 4
  x = 4
  For j = 1 To 3
    x = 3
    For k = 1 To2
      x = x + 6
    Next k
  Next j
Next i
MsgBox x
End Sub
```

打开窗体后,单击命令按钮,消息框的输出结果是(   )。

    A. 7   B. 15   C. 157   D. 538

44. 在窗体中有一个命令按钮 Command1,编写事件代码如下:

```
Private Sub Command1_Click()
Dim s As Integer
s = p(1) + p(2) + p(3) + p(4)
debug. Print s
End Sub
Public Function p(N As Integer)
Dim Sum As Integer
Sum = 0
For i = 1 To N
    Sum = Sum + i
Next i
p = Sum
End Function
```

打开窗体运行后,单击命令按钮,输出的结果是(   )。

A. 15　　　　　　B. 20　　　　　　C. 25　　　　　　D. 35

45. 假定有如下的 Sub 过程：

```
Sub sfun(x As Single,y As Single)
    t = x
    x = t/y
    y = t Mod y
End Sub
```

在窗体上添加一个命令按钮（名为 Command1），然后编写如下事件过程：

```
Private Sub Command1_Click()
    Dim a As Single
    Dim b As Single
    a = 5
    b = 4
    sfun a,b
    MsgBox a & Chr(10) + Chr(13) & b
End Sub
```

打开窗体运行后，单击命令按钮，消息框的两行输出内容分别为（　　　）。

A. 1 和 1　　　B. 1.25 和 1　　　C. 1.25 和 4　　　D. 5 和 4

11.2　填空题

1. VBA 的全称是_____。

2. 在 Access 中模块分为_____和_____两种类型。

3. VBE 窗口主要由_____、_____和_____组成。

4. VBE 窗口中的代码窗口由_____、_____和_____ 3 部分组成。

5. 模块是用 Access 提供的_____语言编写的程序段。

6. 一个_____是由一个或多个过程组成的，每个过程可以实现相应的功能。

7. VBA 语言中，函数 InputBox 的功能是_____。

8. 在 VBA 中字符串的类型标识符是_____，整型的类型标识符是_____，双精度型的类型标识符是_____，日期型的类型标识符是_____。

9. 在 VBA 中，布尔型数据转换为其他类型数据时，False 转换为_____，True 转换为_____。

10. 说明变量最常用的方法是使用_____语句。

11. 数组的下标是从 0 或 1 开始是根据_____语句的设置。

12. 在使用 Dim 语句定义数组时，在默认情况下数组下标的下限为_____。

13. VBA 中的程序按其语句代码执行的先后顺序，可以分为顺序结构、_____结构和_____结构。

14. 以下程序段运行后，消息框的输出结果为_____。

```
a = Abs(3)
b = Abs(-2)
c = a > b
MsgBox c + 1
```

15. 函数 Right("计算机等级考试",4)的执行结果是_____。

16. 用逻辑表达式表达出"X 和 Y 至少有一个是偶数",则表达式为_____。

17. 表达式"ZYX" & 123 & "ABC"的值是_____。

18. 设 a＝2,b＝3,c＝4,d＝5,求下列表达式的值。

(1) a＞b And c＜＝d Or 2＊a＞＝c _____

(2) 3＞2＊b Or a＝c And b＜＞c Or c＞d _____

(3) Not a＜＝c Or 4＊c＝b^2 And b＜＞a＋c _____

19. 下面的 For 语句循环体要执行 100 次,请填空。

```
For k = _____ To - 7 Step - 3
```

20. 设有如下代码:

```
x = 1
Do
  x = x + 2
Loop Until _____
```

运行程序,要求循环体执行 3 次后结束循环,在空白处填入适当语句。

21. 过程是 VBA 代码的窗口,在 VBA 中有 3 种类型的过程,分别是_____、函数过程和_____,而模块则是过程的容器,模块有两种基本类型,分别是_____ 模块和_____模块。

22. 窗体模块和报表模块都属于_____。

23. VBA 的错误处理主要使用_____语句。

24. VBA 中变量作用域分为 3 个层次,这 3 个层次是局部变量、模块变量和_____。

25. ADO 的全称是_____。

26. ADO 的 3 个核心对象是_____、_____、_____。

27. 为了建立与数据库的连接,必须调用连接对象的_____方法,连接建立后,可利用连接对象的_____方法来执行 SQL 语句。

28. RecordSet 对象的_____方法可以用来新建记录。

29. RecordSet 对象没有包含任何记录,则 RecordCount 属性的值为_____,并且 BOF 和 EOF 的属性为_____。

30. 若要判断记录集对象 rst 是否已到文件尾,则条件表达式是_____。

31. 判断记录指针是否到了记录集的末尾的属性是_____,向下移动指针可调用记录集对象的_____方法来实现。

32. 关闭连接并彻底释放所占用的系统资源,应调用连接对象的_____方法,并使用_____语句实现。

33. 若要删除记录,可通过记录集对象的_____方法来实现,也可通过_____对象执行 SQL 的_____语句来实现。

34. 调用子过程 GetAbs 后,消息框中显示的内容为_____。

```
Sub GetAbs()
  Dim x
  x = - 5
```

```
If x>0 Then
   x = x
Else
   x = - x
End If
MsgBox x
End Sub
```

35. 运行子过程 TestParm,在立即窗口中的输出结果为_____。

```
Sub TestParm()
   Dim str As String
   str = "中国"
   Call SubParm(str)
   Debug.Print str
End Sub
Sub SubParm(ByRef pstr As String)
   pstr = "China"
End Sub
```

36. 下列程序的执行结果是_____。

```
x = 100
y = 50
If x > y Then x = x - y Else x = y + x
Print x + y
```

37. 执行下面程序,当输入的值为 5 时,输出结果为_____。

```
Private Sub Form_Click()
   Dim x As Single
   x = InputBox("X")
   If x < 0 Then
      y = 1:Print y
ElseIf x > = 0 Then
      y = 3:Print y
Else
      y = 4:Print y
End If
End Sub
```

38. 下面程序段运行后,输出结果为_____。

```
Dim x As Integer, I As Integer
x = 0
For I = 0 To 50 Step 10
    x = x + I
Next I
Debug.Print I
```

39. 设有以下窗体单击事件过程:

```
Private Sub Form_Click()
a = 1
```

```
For i = 1 To 3
  Select Case i
    Case 1,3
      a = a + 1
    Case 2,4
      a = a + 2
  End Select
Next i
MsgBox a
End Sub
```

打开窗体运行后,单击窗体,则消息框的输出内容是_____。

40. 在窗体中使用一个文本框(名为 x)接受输入值,有一个命令按钮 test,事件代码如下:

```
PrivateSubtest_Click()
y = 0
Fori = 0ToMe! x
    y = y + 2 * i + 1
Nexti
MsgBoxy
EndSub
```

打开窗体后,若通过文本框输入值为 3,单击命令按钮,输出结果为_____。

41. 在窗体中添加一个命令按钮,名称为 Command1,然后编写如下程序:

```
Private Sub Command1_Click()
Dim s,i
For i = 1 To 10
    s = s + i
Next i
MsgBox s
End Sub
```

窗体打开运行后,单击命令按钮,则消息框的输出结果为_____。

42. 已编写以下窗体事件过程,打开窗体运行后,单击窗体,消息框的输出结果为_____。

```
Private Sub Form_Click()
    Dim k As Integer, n As Integer, m As Integer
    n = 10 : m = 1 : k = 1
    Do While k < = n
      m = m * 2
      k = k + 1
    Loop
  MsgBox m
End Sub
```

43. 下列程序运行结果为_____,执行完该程序后,共循环_____次。

```
Dim x As Integer
Dim i As Integer
```

```
Dim j As Integer
For i = 1 To 17 Step 2
  For j = 1 To 3 Step 2
     x = x + j
  Next j
Next i
Print x
```

44. 在窗体上添加一个命令按钮(名为 Command1),然后编写如下程序:

```
Function m (x As Integer, y As Integer) As Integer
  m = IIf(x > y, x, y)
End function
Private Sub Command1_Click()
  Dim a As Integer, b As integer
  a = 10
  b = 20
  MsgBox m(a, b)
End Sub
```

打开窗体运行后,单击命令按钮,消息框的输出结果为_____。

45. 在窗体上添加一个命令按钮(名为 Command1)和一个文本框(名为 Text1),然后编写如下事件过程:

```
Private Sub Command1_Click( )
  Dim x As Integer, y As Integer, z As Integer
  x = 5 : y = 7 : z = 0
  Me! Text1 = ""
  Call pi(x, y, z)
  Me! Text1 = z
  End Sub
Sub pi(a As Integer, b As Integer, c As Integer)
  c = a + b
End Sub
```

打开此窗体运行后,单击命令按钮,文本框中显示的内容是_____。

46. 在窗体中添加一个名称为 Command1 的命令按钮,然后编写如下程序:

```
Private Sub s(ByVal p As Integer)
  p = p * 2
End Sub
Private Sub Command1_Click()
  Dim i As Integer
  i = 3
  Call s(i)
  If i > 4 Then i = i^2
  MsgBox i
End Sub
```

窗体打开运行后,单击命令按钮,则消息框的输出结果为_____。

47. 窗体中有两个命令按钮：显示（控件名为 cmdDisplay）和测试（控件名为 cmdTest）。以下事件过程的功能是：单击"测试"按钮时，窗体上弹出一个消息框。如果单击消息框的"确定"按钮，隐藏窗体上的"显示"命令按钮；单击"取消"按钮关闭窗体。按照功能要求，将程序补充完整。

```
Private Sub cmdTest_Click()
Answer = _____ ("隐藏按钮", vbOKCancel)
If Answer = vbOK Then
    cmdDisplay. Visible = _____
Else
    Docmd. Close
End If
End Sub
```

48. 已知数列的递推公式如下：

$f(n) = 1$ 　　　　　　　当 n=0,1 时

$f(n) = f(n-1) + f(n-2)$ 　　当 n>1 时

则按照递推公式可得到数列：$1,1,2,3,5,8,13,\cdots$。现要求从键盘输入 n 值，输出对应项的值。例如，当输入 n 为 8 时，应该输出 34。请补充程序。

```
Private Sub runl1_Click()
f0 = 1
f1 = 1
num = Val(InputBox("请输入一个大于 2 的整数: "))
For n = 2 To _____
    f2 = _____
    f0 = f1
    f1 = f2
Next n
MsgBox f2
End Sub
```

49. 学生成绩表含有学号、姓名、数学、外语、专业、总分等字段，下列程序的功能是：计算每名学生的总分（总分=数学+外语+专业）。请在程序空白处填入适当语句，使程序实现所需要的功能。

```
Private Sub Command1_Click( )
Dim cn As New ADODB. Connection
Dim rs As New ADODB. RecordSet
Dim zongfen As New ADODB. Field
Dim shuxue As New ADODB. Field
Dim waiyu As New ADODB. Field
Dim zhuanye As New ADODB. Field
Dim strSQL As Sting
Set cn = CurrentProject. Connection
StrSQL = "SELECT * FROM 成绩表"
rs. Open strSQL, cn, adOpenDynamic, adLockOptimistic, adCmdText
Set zongfen = rs.Fields("总分")
Set shuxue = rs.Fields("数学")
```

```
        Set waiyu = rs.Fields("外语")
        Set zhuanye = rs.Fields("专业")
        Do While _____
            Zongfen = shuxue + waiyu + zhuanye

            _____
            rs.MoveNext
        Loop
        rs.Close
        cn.Close
        Set rs = Nothing
        Set cn = Nothing
    End Sub
```

11.3   问答题

1. 什么是模块？它有什么作用？

2. 什么是类模块和标准模块？它们的特征是什么？

3. 什么是函数过程？什么是子过程？

4. 什么是形参和实参？过程中参数的传递有哪几种？它们之间有什么不同？

5. 什么是变量的作用域和生存期？它们是如何分类的？

6. 什么是事件过程？它有什么特点？

7. 以下是一个竞赛评分程序，其作用是什么？

```
Private Sub Form_Click()
    Dim max As Integer, min As Integer
    Dim I As interger, x As Integer, s As interger
    Dim j As single
    max = 0
    min = 10
    For i = 1 To 10
        x = Val(InputBox("请输入分数："))
        If x > max Then max = x
        If x < min Then min = x
        s = s + x
    Next i
    s = s − max − min
    j = s/8
    MsgBox "最后得分" + j
End Sub
```

8. 变量类型对整个程序的运行速度有没有影响？在定义变量时应遵循哪些原则？

9. 如何在窗体中调用模块的功能？

10. 什么是类和对象？它们之间有何关系？Access 对象模型中包含哪些对象？

11. 在调试程序时，在 VBE 环境中提供哪些查看变量值的方法以及如何查看？

12. 在数据库编程中常用的数据接口有哪些？各有什么特点？

13. 什么是 ADO 对象模型？使用 ADO 对象模型有什么优点？其主要功能是什么？

14. ADO 对象模型主要包括哪些对象？

15. 使用 ADO 对象模型对数据库编程的基本步骤是什么？

11.4 应用题

1. 编写程序,要求在窗体上创建一个文本框控件、3 个命令按钮控件,命令按钮的标题分别设置为"显示"、"隐藏"和"退出",单击"隐藏"按钮后文本框消失,单击"显示"按钮后显示文本框,单击"退出"按钮结束程序运行。

2. 编写程序,要求输入一个 3 位整数,将它反向输出。例如输入 123,输出为 321。

3. 火车站行李费的收费标准是 50 公斤以内(包括 50 公斤),每公斤 0.2 元,超过部分每公斤 0.5 元,编写程序,要求根据输入的任意重量,计算出应付的行李费。

4. 在图书管理系统中,设计一个用户登录窗体,窗体界面如图 2-10 所示,要求:输入用户名和密码,如果用户名或密码为空,则给出提示,重新输入;如果用户名和密码不正确,则给出错误提示,结束程序运行;如果用户名和密码正确,则进行图书管理系统的"主界面"窗体。

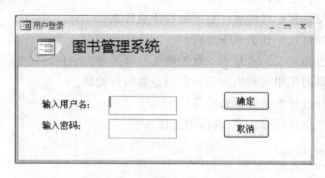

图 2-10　图书管理系统窗体界面

5. 很多程序运行时,通过一个蓝色进度条来显示程序的进展情况,在 Access 中设计一个程序来模拟运行进度条。

6. 有一个 VBA 计算程序的功能如下,该程序用户界面由 4 个文本框和 3 个按钮组成。4 个文本框的名称分别为 Text1、Text2、Text3、Text4,3 个命令按钮分别为清除(名为 Command1),计算(名为 Command2)和退出(名为 Command3)。窗体打开运行后,单击"清除"按钮,则清除所有文本框中显示的内容;单击"计算"按钮,则计算在 Text1、Text2 和 Text3 文本框中输入 3 科成绩的平均成绩并将结果存放在 Text4 文本框中;单击"退出"按钮则退出窗体。用代码实现。

7. 编写程序求 1~500 之间所有奇数之和。

8. 产生 30 个 1~100 之间的随机整数,通过函数过程实现。

9. 程序运行结果为

```
1
11   12
21   22   23
31   32   33   34
```

编写代码实现。

10. 用代码实现程序的功能：由输入的分数确定结论，分数是百分制，0～59 分的结论是"不及格"；60～79 分的结论是"及格"；80～89 分的结论是"良好"；90～100 的结论是"优秀"；分数小于 0 或大于 100 是"数据错误！"。

11. 在键盘输入 10 个整数，把这些数据按从小到大的顺序输出。

12. 编写一个求解圆面积的函数过程 Area()。

13. 利用 ADO 对象，对教学管理数据库的课程表完成以下任务：

(1) 添加一条记录："Z0004"，"数据结构"，1。

(2) 查找课程名为"数据结构"的记录，并将其学分更新为 3。

(3) 删除课程号为"Z0004"的记录。

参 考 答 案

11.1 选择题答案

1. B   2. C   3. B   4. A   5. D   6. B   7. B   8. C

9. A   10. A   11. D   12. D   13. A   14. C   15. B   16. A

17. B   18. B   19. A   20. C   21. C   22. B   23. B   24. A

25. A   26. C   27. A   28. B   29. D   30. B   31. D   32. B

33. A   34. D   35. A   36. B   37. C   38. D   39. C   40. C

41. D   42. C   43. B   44. B   45. B

11.2 填空题答案

1. Visual Basic for Application   2. 标准模块，类模块

3. 工程资源管理器窗口，属性窗口，代码窗口

4. 对象列表框，过程事件列表框，代码编辑区域

5. VBA   6. 模块

7. 输入数据对话框   8. String，Integer，Double，Date

9. 0，−1   10. Dim…As

11. Option Base   12. 0

13. 选择控制，循环控制   14. 0

15. 等级考试   16. X MOD 2＝0 Or Y MOD 2＝0

17. ZYX123ABC   18. True，False，False

19. 290   20. x＝7 或 x>＝7 或 x>6 或 x>＝6 或 x>5

21. 子过程，属性过程，标准模块，类模块

22. 类模块   23. On Error

24. 全局变量   25. ActiveX Data Object(ActiveX 数据对象)

26. Connection，RecordSet，Command   27. Open，Execute

28. AddNew   29. 0，True

30. Not rst. EOF   31. EOF，MoveNext

32. Close，Set   33. Delete，Connection，Delete

34. 5   35. China

36. 100   37. 3

38. 60   39. 5

40. 16   41. 55

42. 1024   43. 36,18

44. 20   45. 12

46. 3   47. MsgBox,False

48. num,f0+f1   49. Not rs.EOF,rs.Update

11.3 问答题答案

1.【答】 模块是 Access 中一个重要的数据库对象,模块是将 VBA 声明和过程作为一个单元进行保存的集合。模块中可包含一个或多个过程,过程是由一系列 VBA 代码组成的,它包含许多 VBA 语句和方法,以执行特定的操作或计算。

模块比宏的功能更强大,运行速度更快。使用模块可以建立用户自己的函数,完成复杂的计算、执行宏所不能完成的任务。使用模块可以开发十分复杂的应用程序,使数据库系统功能更加完善。

2.【答】 类模块是与类对象相关联的模块,所以也称为类对象模块。类模块是可以定义新对象的模块。新建一个类模块,表示新创建了一个对象,通过类模块的过程可定义对象的属性和方法。Access 的类模块有 3 种基本形式:窗体类模块、报表类模块和自定义类模块。

标准模块是指可在数据库中公用的模块,模块中包含的主要是公共过程和常用过程,这些公用过程不与任何对象相关联,可以被数据库的任何对象使用,可以在数据库的任何位置执行。常用过程是类对象经常要使用的过程,需要多次调用的过程。一般情况下,Access 中所说的模块是指标准模块。

类模块一般用于定义窗体、报表中某个控件事件的响应行为,常通过私有的过程来定义。类模块可以通过对象事件操作直接调用。

标准模块一般用来定义数据库、窗体、报表中多次执行的操作,常通过公有的过程来定义,标准模块通过函数过程名来调用。

3.【答】 函数过程或称为 Function 过程,简称为函数。函数过程具有函数值,该值可以在表达式中使用,以关键字 Function 开始,以 End Function 语句结束。中间用 VBA 语句定义模块的操作行为、计算方法等。

Sub 过程或称子过程,一般用来定义执行一种数据库操作任务,Sub 过程没有返回值,以 Sub 开始,以 End Sub 语句结束。中间用 VBA 语句定义模块的操作行为、计算方法等。

4.【答】 过程或函数声明中的形式参数列表简称形参。形参可以是变量名(后面不加括号)或数组名(后面加括号)。如果子过程没有形式参数,则子程序名后面必须跟一个空的圆括号。

过程或函数调用时,其实际参数列表简称为实参,它与形式参数的个数、位置和类型必须一一对应,调用时把实参的值传递给形参。

在 VBA 中实参与形参的传递方式有两种:引用传递和按值传递。

在形参前面加上 ByRef 关键字或省略不写,表示参数传递是引用传递方式,引用传递方式是将实参的地址传递给形参,也就是实参和形参共用同一个内存单元,是一种双向的数据传递,即调用时实参将值传递给形参,调用结束由形参将操作结果返回给实参。引用传递的实参只能是变量,不能是常量或表达式。

在形参前面加上 ByVal 关键字时,表示参数是按值传递方式,是一种单向的数据传递。即调用时只能由实参将值传递形参,调用结束后不能由形参将操作结果返回给实参。实参可以是常量、变量或表达式。

5.【答】 变量可被访问的范围称为变量的作用范围,也称为变量的作用域。根据声明语句和声明变量的位置不同,可将变量的作用域分为 3 个层次:局部范围、模块范围和全局范围。变量的生存期是指变量从存在(执行变量声明并分配内存单元)到消失的时间段。按生存期,变量可分为动态变量和静态变量。

6.【答】 事件过程是一种特殊的 Sub 过程,它以指定控件及所响应的事件名称直接命名。该过程用于响应窗体或报表中的事件,其中使用 VBA 语言编写用来完成事件发生时所进行的操作。事件过程一般是通过响应用户的操作来实现的。

7.【答】 该程序的功能是:从 10 个分数中去掉最高分和最低分后,求剩下 8 个分数的平均分。

8.【答】 变量的类型决定了系统为变量分配的内存空间的大小,所以变量类型对速度有很大的关系。

定义变量时应该注意以下原则:

(1) 显式声明变量。在声明变量时,如果没有明确指定数据类型,在 Access 会自动将其视为 Variant,这种类型在所有的数据类型中所分配的内存空间是最大的,同时在实际运行过程中,系统还需判断其实际类型并实行隐式转换,会影响到系统的性能。

(2) 尽量使用恰当的、最小的数据类型,在声明一个变量时应该掌握一个原则"够用就行"。

9.【答】 可以在窗体的代码窗口中直接调用模块,或者在窗体中添加控件,在控件的事件中调用模块。

10.【答】 对象是人们需要研究的任何事物,它不仅能表示具体的事物,还能表示抽象的规则、计划和事件。例如,一个人、一辆汽车、一场演出都可以看作是对象。

具有相同性质的对象的抽象就是类,因此对象的抽象是类,类的具体化就是对象,也可以说对象是类的实例。例如,汽车模型是类,具体的汽车可以看作对象。

Access 提供了很多内置对象,包括表、查询、窗体、报表、宏和模块,还包括窗体和报表上的控件。Access 对象模型具有层次结构,其中处于最高层次的对象是 Application 对象,它代表了 Access 应用程序。Application 对象包含了 Access 中所有其他的对象和集合,这样的对象与集合有 Forms 集合、Reports 集合、Modules 集合、CurrentProject 对象和 DoCmd 对象等。

11.【答】 在调试程序时,希望随时查看程序中变量的值,在 VBE 环境中提供了多种查看变量值的方法。

(1) 在代码窗口中查看变量值

在程序调试时,在代码窗口,只要将鼠标指向要查看的变量,就会直接在屏幕上显示变量的当前值,这种方式查看变量值最简单,但只能查看一个变量的值。

（2）在本地窗口中查看数据

在程序调试时，可单击工具栏上的"本地窗口"按钮打开本地窗口，在本地窗口中显示了"表达式"，以及"表达式"的值和类型。

（3）在监视窗口中查看变量和表达式

在程序执行过程中，可利用监视窗口查看表达式或变量的值，可选择"调试"－＞"添加监视"选项，设置监视表达式。通过监视窗口可展开或折叠变量级别信息、调整列标题大小以及更改变量值等。

（4）在立即窗口查看结果

使用立即窗口可检查一行 VBA 代码的结果。可以输入或粘贴一行代码，然后按 Enter键来执行该代码。可使用立即窗口检查控件、字段或属性的值，显示表达式的值，或者为变量、字段或属性赋一个新值。立即窗口是一种中间结果暂存器窗口，在这里可以立即得出语句、方法或过程的结果。

12.【答】 在数据库编程中常用的数据库接口技术包括 ODBC、DAO、ADO 等。

ODBC 是微软公司开放服务结构中有关数据库的一个组成部分，它建立了一组规范，并提供了一组对数据库访问的标准 API。DAO 即数据访问对象，是 VB 最早引入的数据访问技术。它普遍使用 Microsoft Jet 数据库引擎，并允许 VB 开发者像通过 ODBC 对象直接连接到其他数据库一样，直接连接到 Access 表。ADO 又称为 ActiveX 数据对象，是Microsoft 公司开发数据库应用程序面向对象的新接口。ADO 是 DAO/RDO 的后继产物，它扩展了 DAO 所使用的对象模型，具有更加简单，更加灵活的操作性能。

13.【答】 ADO 使用户能够编写通过 OLE DB 提供者对在数据库服务器中的数据进行访问和操作的应用程序。其主要优点是易于使用、高速度、低内存支出和占用磁盘空间较少。使用 ADO 可以分析已存在的数据库结构、增加或修改表和查询、创建新的数据库、遍历记录集、管理安全和修改表数据等。

14.【答】 在 ADO 2.1 以前 ADO 对象模型中有 7 个对象：Connection、Command、RecordSet、Error、Parameter、Field、Property，而 ADO 2.5 以后（包括 2.6、2.7、2.8 版）新加了两个对象：Record 和 Stream。ADO 对象模型定义了一个分层的对象集合，这种层次结构表明对象之间的相互联系，Connection 对象包含 Errors 和 Properties 子对象集合，它是一个基本的对象，所有其他对象模型都来源于它。Command 对象包含 Parameters 和Properties 对象集合。RecordSet 对象包含 Fields 和 Properties 对象集合，而 Record 对象可源于 Connection、Command 或 RecordSet 对象。

15.【答】 首先使用 Connection 对象建立与数据源的连接。然后使用 Command 对象执行对数据源的操作命令，通常用 SQL 命令。接下来使用 RecordSet、Field 等对象对获取的数据进行查询或更新操作。最后使用窗体中的控件向用户显示操作的结果，关闭连接。

11.4 应用题答案

1. 设计步骤如下：

（1）创建一个名为"VBA 程序设计"的数据库，在数据库中新建一个窗体，窗体界面如图 2-11 所示。

（2）在代码窗口中输入命令按钮的单击事件代码。

```
Private Sub cmd_display_Click()
```

```
    Text0.Visible = True
End Sub
Private Sub cmd_hide_Click()
    Text0.Visible = False
End Sub
Private Sub cmd_exit_Click()
    DoCmd.Quit
End Sub
```

2. 在 Access 中设计窗体如图 2-12 所示,转换命令按钮的单击事件代码如下:

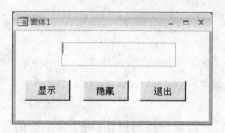

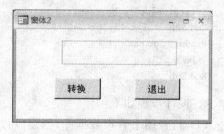

图 2-11　一个窗体界面　　　　　图 2-12　将 3 位整数反向输出的窗体界面

```
Private Sub cmd_convert_Click()
    Dim v_result As String    '结果变量
    v_result = ""
If Not IsNumeric(Text0.Value) Then
    MsgBox "输入的不为数值!"
    Exit Sub
End If
If Len(Text0.Value) <> 3 Then
    MsgBox "输入的不为 3 位数!"
End If
For i = 1 To 3
    v_result = v_result & Mid(Text0.Value, 3 - i + 1, 1)
  Next i
MsgBox "结果: " & v_result
End Sub
```

3. (1) 根据题意,行李费计算公式如下:

当重量<=50 时,费用=重量 * 0.2

当重量>50 时,费用=(重量-50) * 0.5+50 * 0.2

(2) 创建一个名为"VBA 程序设计"的数据库,在数据库中新建一个窗体,窗体界面如图 2-13 所示。

(3) 在代码窗口中输入命令按钮的单击事件代码。

```
Private Sub cmd计算_Click()
    Dim sinw As Single     '变量 sinw 表示行李重量
    Dim sinp As Single     '变量 sinp 表示应付费用
```

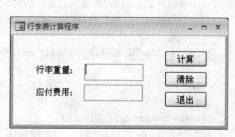

图 2-13　行李费计算程序窗体界面

```
    sinw = txt1.Value
    If sinw > 50 Then
      sinp = (sinw - 50) * 0.5 + 50 * 0.2
    Else
      sinp = sinw * 0.2
    End If
    txt2.Value = sinp
  End Sub
  Private Sub cmd清除_Click()
    txt1.Value = ""
    txt2.Value = ""
  End Sub
  Private Sub cmd退出_Click()
    DoCmd.Close
  End Sub
```

4. 设计步骤如下：

(1) 打开图书管理数据库，创建"用户登录窗体"。设置窗体的属性，两个文本框的名称分别为 txtUser 和 txtPassword，两个命令按钮的名称分别为"cmd 确定"和"cmd 取消"。txtPassword 文本框的"输入掩码"设置为"密码"。

(2) 输入"确定"按钮和"取消"按钮的单击事件代码。

```
    Private Sub cmd确定_Click()
      If Len(Trim(txtPassword)) = 0 And Len(Trim(txtUser)) = 0 Then
        MsgBox "用户名、密码都为空,请重新输入!", vbCritical, "错误提示"
        txtUser.SetFocus
      ElseIf Len(Trim(txtUser)) = 0 Then
        MsgBox "用户名为空,请重新输入!", vbCritical, "错误提示"
        txtUser.SetFocus
      ElseIf Len(Trim(txtPassword)) = 0 Then
        MsgBox "密码为空,请重新输入!", vbCritical, "错误提示"
        txtPassword.SetFocus
      Else
        If UCase(txtUser.Value) = "ABCD" And UCase(txtPassword.Value) = "ABCD" Then
          MsgBox "欢迎使用本系统!", vbInFormation, "成功"
          DoCmd.Close
          DoCmd.OpenForm "主界面"
        ElseIf UCase(txtUser.Value)<>"ABCD" And UCase(txtPassword.Value)<>"ABCD" Then
          MsgBox "用户名和密码都错误!", vbCritical, "错误提示"
        ElseIf UCase(txtUser.Value) <> "ABCD" Then
          MsgBox "用户名错误!", vbCritical, "错误提示"
        Else
          MsgBox "密码错误", vbCritical, "错误提示"
        End If
      End If
    End Sub
    Private Sub cmd取消_Click()
      DoCmd.Close                  '关闭窗体
      DoCmd.Quit                   '退出 Access 系统
    End Sub
```

5. 设计步骤如下：

(1) 在 Access 数据库中新建一个窗体，在所创建的窗体上创建一个"标签"控件，名称为 label1。

(2) 在窗体上再创建一个"标签"控件，名称为 label2，与 label1 标签同样高度，位置与 label1 左上角对齐，如图 2-14 所示。

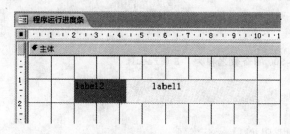

图 2-14　程序运行进度条窗体设计视图

(3) 编写窗体的加载事件(Load)和计时器触发事件(Timer)代码。

```
Private Sub Form_Load()
  Me.TimerInterval = 10    '间隔时间为10ms
  Label1.Caption = ""
  Label2.Caption = ""
  Label2.Width = 0
End Sub
Private Sub Form_Timer()
  Label2.Width = Label2.Width + 10    'label2 控件长度增加
  If Label2.Width > Label1.Width Then
    MsgBox "加载完成"
    Me.TimerInterval = 0
  End If
End Sub
```

6. 程序如下：

```
Private Sub Command1_Click( )
  Me! Text1 = ""
  Me! Text2 = ""
  Me! Text3 = ""
  Me! Text4 = ""
End Sub
Private Sub Command2_Click()
  If Me! Text1 = "" Or Me! Text2 = "" Or Me! Text3 = "" Then
      MsgBox "成绩输入不全"
  Else
      Me! Text4 = Val(Me! Text1) + Val(Me! Text2) + Val(Me! Text3))/3
  End If
End Sub
Private Sub Command3_Click()
  DoCmd. Quit
End Sub
```

7. 在 Access 窗体中新建一个命令按钮,单击事件代码如下:

```
Private Sub Cmd_Total_Click()
  Dim v_result As Integer
  v_result = 0
  For i = 1 To 500
    If i Mod 2 = 1 Then
      v_result = v_result + i
    End If
  Next i
  Debug.Print "1～500 的奇数之和为 " & v_result
End Sub
```

8. 程序如下:

```
Private Sub Command1_Click()
  For i = 1 To 30
    Debug.Print rndshu()
  Next i
End Sub
Function rndshu() As Integer
  rndshu = Int(Rnd * 100 + 1)   '产生[1,100]的随机整数
End Function
```

9. 程序如下:

```
Private Sub Form_Click()
  Call p1
End Sub
Private Sub p1()
  For i = 1 To 4
    For j = l To i
      a = (i - 1) * 10 + j
      Print Tab((j - 1) * 5 + 1);a;
    Next j
    Print
  Next i
End Sub
```

10. 程序如下:

```
Option Explicit
Private Function jl(ByVal score % ) As String
  Select Case Score
  Case 0 To 59
    jl = "不及格"
  Case 60 To 79
    jl = "及格"
  Case 80 To 89
    jl = "良好"
  Case 90 To 100
    jl = "优秀"
  Case Else
```

```
        jl = "数据错误!"
    End Select
End Function
Private Sub Form_Click()
    Dim sl As Integer
    sl = InputBox("请输入成绩: ")
    Print jl(sl)
End Sub
```

11. 排序的方法很多,如选择法、冒泡法、插入法、合并法等,下面采用冒泡法进行排序。
程序如下:

```
Private Sub Command1_Click()
Dim t As Integer, i As Integer, j As Integer, a(10) As Integer
'从键盘输入 10 个数
For i = 1 To 10
    a(i) = InputBox("请输入第" & Str(i) & "一个整数")
Next i
'冒泡排序
For i = 1 To 9
    For j = 1 To 10 - i
        If a(j) > a(j + 1) Then
            t = a(j): a(j) = a(j + 1): a(j + 1) = t
        End If
    Next j
Next i
'输出排序结果
For Each x In a
    Debug.Print x
Next
End Sub
```

12. 函数过程代码如下:

```
Public Function Area( R As Single) As Single
    If R <= 0 Then
        MsgBox "圆的半径必须是正数值!",vbCritical,"警告"
        Area = 0
        Exit Function
    End If
    Area = 3.14 * R * R
End Function
```

13. (1) 在教学管理数据库中,添加一条记录的过程如下。

```
Sub AddRecord(kc_hao As String, kc_name As String, kc_score As Integer)
    Dim rs As New ADODB.RecordSet
    Dim conn As New ADODB.Connection
    On Error GoTo GetRS_Error
    Set conn = CurrentProject.Connection    '打开当前连接
    rs.Open strSQL, conn, adOpenKeyset, adLockOptimistic
    rs.AddNew
```

```
            rs.Fields("课程号").Value = kc_hao
            rs.Fields("课程名").Value = kc_name
            rs.Fields("学分").Value = kc_score
            rs.Update
            Set rs = Nothing
            Set conn = Nothing
        End Sub
```

（2）查找课程名为"数据结构"的记录，并将其学分更新为 3。其实现代码如下：

```
Sub ExecSQL()
        Dim conn As New ADODB.Connection
        Set conn = CurrentProject.Connection   '打开当前连接
        strSQL = "UPDATE 课程 SET 学分 = 3 WHERE 课程名 = '数据结构'"
        conn.Execute (strSQL)
        Set conn = Nothing
End Sub
```

（3）删除课程号为"Z0004"的记录。

其实现方法只需将 ExecSQL()过程中的 SQL 语句改为：

```
strSQL = "DELETE * FROM 课程   WHERE 课程号 = 'Z0004'"
```

第 12 章　数据库应用系统开发实例

12.1　选择题

1. 在系统开发的各个阶段中,能准确地确定软件系统必须做什么和必须具备哪些功能的阶段是(　　)。

    A. 总体设计　　　　B. 详细设计　　　　C. 可行性分析　　　　D. 需求分析

2. 系统需求分析阶段的基础工作是(　　)。

    A. 教育和培训　　　B. 系统调查　　　　C. 初步设计　　　　D. 详细设计

3. 需求分析阶段的任务是确定(　　)。

    A. 软件开发方法　　B. 软件开发工具　　C. 软件系统功能　　D. 软件开发费用

4. 在系统开发中,不属于系统设计阶段任务的是(　　)。

    A. 确定系统目标　　　　　　　　　　B. 确定系统模块结构

    C. 定义模块算法　　　　　　　　　　D. 确定数据模型

5. 在数据库应用系统设计完成后,进入系统实施阶段,下述工作中,(　　)一般不属于实施阶段的工作。

    A. 建立库结构　　　B. 系统调试　　　　C. 加载数据　　　　D. 扩充功能

6. 系统设计包括总体设计和详细设计两部分,下列任务中属于详细设计内容的是(　　)。

    A. 确定软件结构　　B. 软件功能分解　　C. 确定模块算法　　D. 制订测试计划

12.2　填空题

1. 数据库应用系统的开发过程一般包括系统需求分析、_____、系统现实、_____、和系统交付 5 个阶段。

2. 数据库应用系统的需求包括对_____的需求和系统功能的需求,它们分别是数据库设计和_____设计的依据。

3. 系统设计阶段的最终成果是_____。

4. "确定表的约束关系以及在哪些属性上建立什么样的索引"属于_____阶段的任务。

5. _____的目的是发现错误、评价系统的可靠性,而调试的目的是发现错误的位置并改正错误。

12.3　问答题

1. 简述数据库应用系统的开发步骤。

2. 数据库应用系统开发的各个阶段的主要任务是什么？相应的成果是什么？

3. 在进行系统功能设计时,常采用模块化的设计方法,即将系统分为若干个功能模块,这样做的好处是什么？

4. 程序设计人员的程序调试和系统测试有何区别？

5. 系统交付的内容有哪些？

12.4 应用题

设计一个"Access 题库练习系统",程序要求：创建选择题数据表,字段包括序号、题干、选择 A、选择 B、选择 C、选择 D 和答案。用户可答题并自动统计分数。

参 考 答 案

12.1 选择题答案

1. D   2. B   3. C   4. A   5. D   6. C

12.2 填空题答案

1. 系统设计,测试   2. 数据,应用程序

3. 系统设计报告   4. 系统设计

5. 测试

12.3 问答题答案

1.【答】 数据库应用系统的开发一般包括需求分析、系统设计、系统实现、系统测试和系统交付 5 个阶段,每阶段应提交相应的文档资料,包括需求分析报告、系统设计报告、系统测试大纲、系统测试报告以及操作使用说明书等。但根据应用系统的规模和复杂程度,在实际开发过程中往往要做一些灵活处理,有时候把两个甚至多个过程合并进行,不一定完全刻板地遵守这样的过程。

2.【答】 (1) 需求分析阶段。这一阶段的基本任务简单说来有两个,一是摸清现状；二是理清将要开发的目标系统应该具有哪些功能。成果为需求分析报告。

(2) 系统设计阶段。其主要任务为设计工具和系统支撑环境的选择,包括选择哪种数据库、哪几种开发工具、支撑目标系统运行的软硬件及网络环境等。怎样组织数据也就是数据模型的设计,即设计数据表字段、字段约束关系、字段间的约束关系、表间约束关系、表的索引等。系统界面的设计包括菜单、窗体等。系统功能模块的设计,对一些较为复杂的功能,还应该进行算法设计。成果为系统设计报告。

(3) 系统实现阶段。这一阶段的工作任务就是依据前两个阶段的工作,具体建立数据库和数据表、定义各种约束、并录入部分数据；具体设计系统菜单、系统窗体、定义窗体上的各种控件对象、编写对象对不同事件的响应代码、编写报表和查询等。成果为应用程序代码。

(4) 测试阶段。其任务就是验证系统设计与实现阶段中所完成的功能能否稳定准确地运行、这些功能是否全面地覆盖并正确地完成了委托方的需求,从而确认系统是否可以交付运行。成果为系统测试报告。

(5) 系统交付阶段。这一阶段的工作主要有两个方面,一方面是全部文档的整理交付；

另一方面是对所完成的软件(数据、程序等)打包并形成发行版本,使用户在满足系统所要求的支撑环境的任一台计算机上按照安装说明就可以安装运行。

3.【答】 把一个信息系统设计成若干模块的方法称为模块化。其基本思想是将系统设计成由相对独立、单一功能的模块组成的结构,从而简化研制工作,防止错误蔓延,提高系统的可靠性。在这种模块结构图中,模块之间的调用关系非常明确、简单。每个模块可以单独地被理解、编写、调试、查错与修改。模块结构整体上具有较高的正确性、可理解性与可维护性。

4.【答】 (1) 测试的目的是找出存在的错误;而调试的目的是定位错误、找出错误的原因并修改程序以修正错误;测试活动中发现的缺陷需要通过调试来进行定位;两者在目标、方法和思路上有所不同。

(2) 调试是编码阶段和缺陷修复阶段的活动,测试活动则可以贯穿整个软件的生命周期。

(3) 测试是从已知的条件开始,使用预先定义的过程和步骤,有预知的结果;调试从未知的条件开始,结束时间无法预计。

(4) 测试过程可以事先设计,进度也可事先确定,调试过程无法描述过程和持续时间。

5.【答】 这一阶段的工作主要有两个方面,一方面是全部文档的整理交付;另一方面是对所完成的软件(数据、程序等)打包并形成发行版本,使用户在满足系统所要求的支撑环境的任一台计算机上按照安装说明就可以安装运行。

12.4 应用题答案

设计步骤如下:

(1) 建立数据库,名为"Access 题库练习系统"。

(2) 在数据库中创建表并输入数据,表名为"选择题",表结构及数据如图 2-15 所示。

选择题

序号	题干	选择题A	选择题B	选择题C	选择题D	答案
1	数据表中"行"叫______	字段	数据	记录	数据视图	C
2	在下面的对象中,______没有提	表	窗体	报表	查询	C
3	在VBA 语言中,以下关于运算优	算术运算符 >	算术运算符 >	关系运算符 >	关系运算符 >	A

图 2-15 选择题表结构及数据

(3) 创建系统 Access 题库练习系统主界面,如图 2-16 所示。主界面上放置 5 个命令按钮,名称分别为 cmd 选择题、cmd 填空题、cmd 判断题、cmd 计算得分和 cmd 退出。一个名称为 txtScore 的文本框以及两个标签。

(4) 创建"选择题"窗体界面,如图 2-17 所示,窗体的记录源为"选择题"表。5 个命令按钮的名称分别为 cmd 第一题、cmd 下一题、cmd 上一题、cmd 最后一题和 cmd 退出。一个选项组名称为 frameA,选项组中放置 4 个选项按钮,名称分别为 opta、optb、optc 和 optd。

(5) 创建一个标准模块。在 VBE 环境中,单击"插入"菜单中的"模块",即可创建一个模块,在模块代码窗口输入以下语句,声明几个全局变量。

```
Public b(100) As Integer          '对应序号题用户的答案
Public a(100) As Boolean          '对应序号题用户是否答对
Public choice As String
Public icount As Integer
Public n As Integer
```

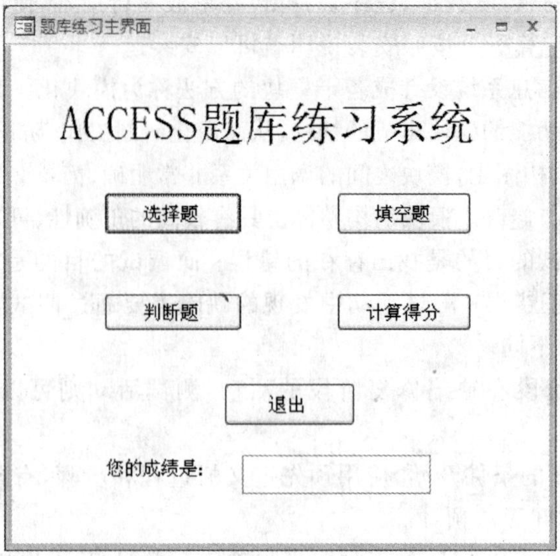

174

图 2-16　题库练习系统主界面

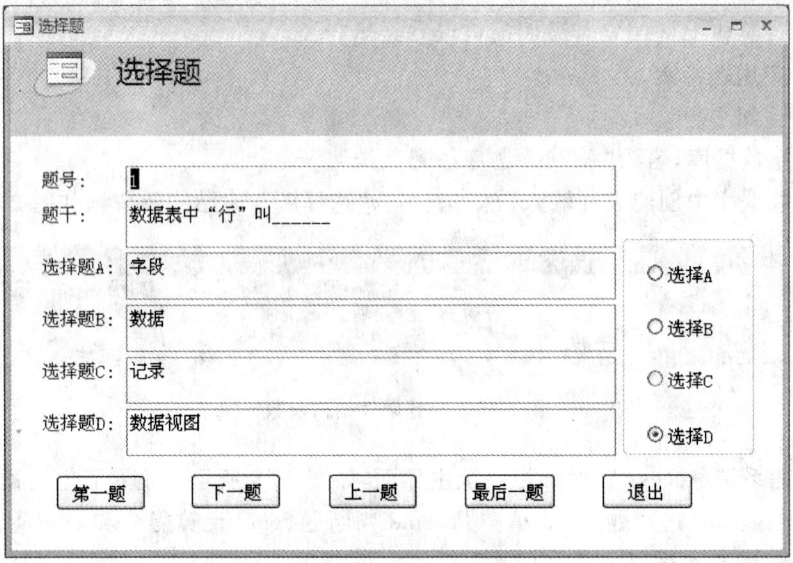

图 2-17　选择题窗体界面

（6）编写系统"主界面"窗体中的代码。

```
Private Sub Form_Load()
    txtScore.Value = ""
    txtScore.Visible = False
    icount = 0
End Sub
Private Sub cmd 选择题_Click()
    DoCmd.Close
    DoCmd.OpenForm "选择题"
```

```
End Sub
Private Sub cmd计算得分_Click()
  For i = 1 To 100
    If a(i) = True Then
      icount = icount + 1
    End If
  Next i
  txtScore.Visible = True
  txtScore.SetFocus
  txtScore.Value = icount
End Sub
Private Sub cmd退出_Click()
  DoCmd.Close
End Sub
```

（7）编写"选择题"窗体中的事件代码。

```
Private Sub cmd第一题_Click()
  n = 1
  DoCmd.GoToRecord,, acFirst
  FrameA.Value = b(1) '决定窗体中哪个选择按钮被选择,如 b(n) = 0 表示此题未做
End Sub
Private Sub cmd上一题_Click()
  DoCmd.GoToRecord,, acPrevious
  n = 序号.Value
  FrameA.Value = b(n)
End Sub
Private Sub cmd下一题_Click()
  DoCmd.GoToRecord,, acNext
  n = 序号.Value
  FrameA.Value = b(n)
End Sub
Private Sub cmd最后一题_Click()
  DoCmd.GoToRecord,, acLAst
  n = 序号.Value
  FrameA.Value = b(n)
End Sub
Private Sub cmd退出_Click()
  DoCmd.Close
  DoCmd.OpenForm "题库练习主界面"
End Sub
Private Sub opta_MouseDown(ButTon As Integer, ShIft As Integer, X As Single, Y As Single)
  FrameA.Value = 1
  choice = "A"
  selectvalue
End Sub
Private Sub optb_MouseDown(ButTon As Integer, ShIft As Integer, X As Single, Y As Single)
  FrameA.Value = 2
  choice = "B"
  selectvalue
End Sub
```

```
Private Sub optc_MouseDown(ButTon As Integer, ShIft As Integer, X As Single, Y As Single)
    FrameA.Value = 3
    choice = "C"
    selectvalue
End Sub
Private Sub optd_MouseDown(ButTon As Integer, ShIft As Integer, X As Single, Y As Single)
    FrameA.Value = 4
    choice = "D"
    selectvalue
End Sub
Sub selectvalue()
    n = 序号.Value
    b(n) = FrameA.Value    '将每次选择的答案保存在b数组中
    If choice = UCase(答案) Then
        a(n) = True    'a(n)中保存答题正确与否
    Else
        a(n) = False
    End If
End Sub
```

第3部分
数据库应用系统案例

这一部分通过对两个小型数据库应用系统设计与实现过程的分析，帮助读者掌握开发 Access 2007 数据库应用系统的一般方法与步骤。这些案例对读者进行系统开发能起到示范或参考作用。

第1章 | 大学生理财信息管理系统

本章将建立一个简单的"大学生理财信息管理系统",通过对大学生学习期间实际收支情况进行管理,可以随时掌握自己的财务状况,并可执行相关查询、打印等功能。

1.1 系统需求分析

近年来,随着社会经济的不断改革和发展,当代大学生不仅消费能力在提高,而且在消费结构方面呈现多元化的趋势。各种各样的开销与收入也越来越多,因此需要一款适合大学生使用的理财软件。

结合大学生理财现状,开发这个应用系统的目标是为了帮助大学生树立理财观念,及时掌握经济状况,节约开支。它主要实现的功能为:大学生收支信息维护、收支信息查询和收支信息打印。

1.2 系 统 设 计

大学生理财信息管理系统的设计分功能模块设计和数据库设计两部分进行。

1.2.1 功能模块设计

在建立数据库之前,针对大学生理财信息管理系统,要分析该系统所要完成的各项功能。大学生理财信息管理系统功能模块如图 3-1 所示。

（1）收支信息管理:主要实现对收入和支出进行分类管理、收支数据的增加、修改和删除操作。

（2）收支信息查询:主要实现对收支信息按类别和时间进行查询。

（3）收支信息打印:主要实现对收支信息的打印输出功能。

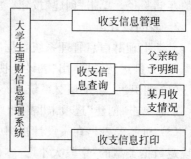

图 3-1 大学生理财信息系统功能模块

1.2.2 数据库设计

数据库设计的主要任务是建立系统的数据库,根据实际需求确定表中各字段的名称、数据类型和值域范围等,并对各表的结构、关键字和约束等进行设计。

一个简单的大学生理财信息管理系统包括收支信息表和收支项目表。其逻辑结构如表 3-1 和表 3-2 所示。

表 3-1　收支信息表

字段名	数据类型	字段长度	索引否
编号	自动编号	长整型	有(无重复)
日期	日期/时间		无
收入	数字	长整型	无
支出	数字	长整型	无
余额	数字、	长整型	无
项目	文本	50	有(有重复)

表 3-2　收支项目表

字段名	数据类型	字段长度	索引否	说　明
编号	数字	长整型	有(无重复)	
项目分类	文本	50	有(有重复)	分为收入和支出两类
项目	文本	50	无	收入或支出项目

1.3　数据库、表和查询设计

要开发 Access 2007 数据库应用系统,首先要建立 Access 2007 数据库,然后进行数据库、表和查询的创建。

1. 创建数据库

在 Access 2007 中创建数据库的步骤如下:

(1) 启动 Access 2007 后,选择"新建空白数据库"中的"空白数据库"选项,则在窗体右侧出现"空白数据库"窗格。

(2) 在"空白数据库"窗格的文件名输入框中输入"大学生理财系统.accdb",并选择适当的存储路径。单击"创建"按钮,创建数据库完毕,并出现"大学生理财系统"数据库窗口。

2. 表的设计

大学生理财信息管理系统数据库创建后,便可以为数据库创建和设计表。这里以"收支信息"表为例进行说明,用"表设计视图"创建"收支信息"表的步骤如下:

(1) 打开"大学生理财系统.accdb"数据库。

(2) 单击"创建"选项卡"表"组中的"表设计"按钮,将打开表设计视图。

(3) 对照表 3-1,在表设计视图中输入"字段名称",在数据类型中选择输入"数据类型",并设定数据类型的"字段大小"。本例中"收支信息"表设置主键字段为"编号"。

(4) 表设计完后,将表保存并命名为"收支信息"。

"收支项目"表的设计过程可参照上述步骤完成。

3. 查询的设计

在查询设计器中创建两个查询,查询名称为"查询父亲给予明细"和"查询某月份收支情况"。

1）查询父亲给予明细

```
SELECT 收支信息.日期，收支信息.收入，收支信息.支出，收支信息.项目
FROM 收支信息 LEFT JOIN 收支项目 ON 收支信息.项目 = 收支项目.项目
WHERE (((收支信息.项目)="父亲"));
```

2）查询某月份收支情况

```
PARAMETERS [请输入月份] Text ( 255 );
SELECT 收支信息.日期，收支信息.收入，收支信息.支出，收支信息.项目，收支项目.项目分类，
DatePart("m",[日期]) AS 月份
FROM 收支信息 INNER JOIN 收支项目 ON 收支信息.[项目] = 收支项目.[项目]
WHERE (((DatePart("m",[日期]))=[请输入月份]));
```

其中"月份"为输入参数。

1.4　系统窗体及模块设计

完成了数据库、表以及查询的创建后，还要根据系统的功能需求，设计窗体和模块代码，窗体有用户界面窗体，模块代码包括用户界面窗体模块设计和系统功能模块设计。

1.4.1　用户界面窗体模块设计

大学生理财信息管理系统包括子功能有收支信息管理模块、收支信息查询模块和收支信息打印模块，这些模块需要一个共同的"主界面"来进行管理。下面介绍该窗体的创建。

1. 用户界面窗体设计

本节要新建的窗体对象为"用户界面"窗体，在"用户界面"窗体中有许多功能按钮，用户只需要单击窗体中的按钮，就会启动相应命令按钮的 Click 过程，运行过程中的代码，如收支信息管理、收支信息打印等。

在"用户界面"窗体中有 1 个标签和 4 个按钮对象，表 3-3 所示是理财信息管理系统"主界面"窗体中的对象及属性设置。

表 3-3　"用户界面"窗体中的对象及属性设置

对 象 名 称	属 性 名 称	属 性 值
Label1	标题	大学生理财信息管理系统用户界面
cmd1	标题	收支信息管理
	单击	[事件过程]
cmd2	标题	收支信息打印
	单击	[事件过程]
cmd3	标题	查询父亲给予明细
	单击	[事件过程]
cmd4	标题	查询某月份收支情况
	单击	[事件过程]

根据表 3-3 中的对象及属性设置，用户界面窗体如图 3-2 所示。系统用户界面窗体的功能是为用户提供的各种功能按钮。

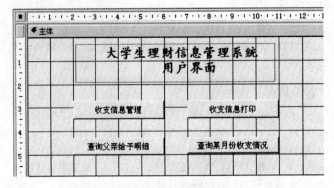

图 3-2　用户界面窗体布局

2. 按钮事件过程

利用命令按钮向导为"收支信息管理"、"收支信息打印"、"查询父亲给予明细"和"查询某月收支情况"按钮添加处理过程，实现与其他窗体和报表的连接，添加的代码如下：

```
Option Compare Database
'打开收支信息管理表
Private Sub cmd1_Click()
On Error GoTo Err_打开收支信息_Click
    Dim stDocName As String
    Dim MyForm As Form
    stDocName = "收支信息"
    Set MyForm = Screen.ActiveForm
    DoCmd.SelectObject acTable, stDocName, True
    DoCmd.OpenTable "收支信息", acViewNormal, acEdit
Exit_打开收支信息_Click:
    Exit Sub
Err_打开收支信息_Click:
    MsgBox Err.Description
    Resume Exit_打开收支信息_Click
End Sub
'打印收支信息
Private Sub cmd2_Click()
On Error GoTo Err_打印收支信息_Click
    Dim stDocName As String
    Dim MyForm As Form
    stDocName = "收支信息"
    Set MyForm = Screen.ActiveForm
    DoCmd.SelectObject acTable, stDocName, True
    DoCmd.PrintOut
    DoCmd.SelectObject acForm, MyForm.Name, False
Exit_打印收支信息_Click:
    Exit Sub
Err_打印收支信息_Click:
    MsgBox Err.Description
    Resume Exit_打印收支信息_Click
End Sub
'查询父亲给予明细
```

```
Private Sub cmd3_Click()
On Error GoTo Err_查询父亲给予明细_Click
    Dim stDocName As String
    stDocName = "查询父亲给予明细"
    DoCmd.OpenQuery stDocName, acNormal, acEdit
Exit_查询父亲给予明细_Click:
    Exit Sub
Err_查询父亲给予明细_Click:
    MsgBox Err.Description
    Resume Exit_查询父亲给予明细_Click
End Sub
'查询某月份收支情况
Private Sub cmd4_Click()
On Error GoTo Err_查询某月份收支情况_Click
    Dim stDocName As String
    stDocName = "查询某月份收支情况"
    DoCmd.OpenQuery stDocName, acNormal, acEdit
Exit_查询某月份收支情况_Click:
    Exit Sub
Err_查询某月份收支情况_Click:
    MsgBox Err.Description
    Resume Exit_查询某月份收支情况_Click
End Sub
```

1.4.2　系统功能模块设计

系统功能模块是一些宏的集合,这些宏用于实现收支余额补填、查询某月份的交易、循环打印收支信息表、打开查询某月收支信息等。设计模块的基本步骤如下。

(1) 在打开的 Access 数据库中选择"创建"选项卡,单击"其他"组中的"宏"按钮。

(2) 在下拉菜单中选择"模块"选项,打开 VBA 编辑器,在代码窗口中输入如下代码:

```
Option Compare Database
Option Explicit
Public Sub 收支余额补填()
 Dim Db As ADODB.Connection, varBalance As Double
 Dim Rs As Recordset
  Set Db = New ADODB.Connection
  Set Rs = New ADODB.Recordset
  Rs.ActiveConnection = CurrentProject.Connection
  On Error GoTo 错误式
  Rs.Open "收支信息", , adOpenKeyset, adLockOptimistic, adCmdTable
  varBalance = 0
  Do Until Rs.EOF
  Rs.CancelUpdate
  Rs("余额") = Rs!收入 - Rs!支出 + varBalance
  Rs.Update
  varBalance = Rs!余额
  Rs.MoveNext
  Loop
  Rs.Close
```

```vb
        MsgBox "收支余额已替你补填好了,不必自己计算"
        DoCmd.SelectObject acTable, "收支信息", True
        DoCmd.OpenTable "收支信息", acViewNormal, acEdit
        DoCmd.GoToControl "余额"
        Exit Sub        '若无这个结束程序的命令,程序都会继续下去
错误式:
        If Err.Number <> 0 Then
            MsgBox "错误讯息: " & Err.Description & "错误代码" & Err.Number
        Else
            MsgBox "没有错误发生,Err 代码是: " & Err.Number
        End If
    Exit Sub
End Sub
Public Sub 查询某月份交易()
    '使用 dim 声明备用变量
    Dim cmd1 As Command
    Dim Rs1 As Recordset, Str1 As String
    Dim FldLoop As ADODB.Field
    Dim Prm1 As ADODB.Parameter, Int1 As Integer
    Dim Qry As Object, cat As Catalog
    '变量「组字」内要放 SQL 语法的造句
    Dim 组字 As String
    组字 = "PARAMETERS [请输入月份] Text ( 255 );" & vbCr
    组字 = 组字 & "SELECT [收支信息].[日期],[收支信息].[收入],[收支信息].[支出],"
    组字 = 组字 & "[收支信息].[项目], [收支项目].[项目分类],"
    组字 = 组字 & "DatePart('m',[日期]) AS 月份" & vbCr
    组字 = 组字 & "FROM 收支信息 INNER JOIN 收支项目 " & vbCr
    组字 = 组字 & "ON [收支信息].[项目] = [收支项目].[项目]" & vbCr
    组字 = 组字 & "WHERE (((DatePart('m',[日期])) = [请输入月份]));"
    '以 MsgBox 陈述式显示消息框
    MsgBox "你的 SQL 查询字符串为: " & vbCrLf & vbLf & 组字
    'Create and define command.建立及定义指令
    '设定对象变量引用 ado 对象链接库的 command 对象
    Set cmd1 = New ADODB.Command
    '以 with...end with 撰写 Cmd1 对象变量的语句及属性可以省略 Cmd1
    With cmd1
        .ActiveConnection = CurrentProject.Connection
        .CommandText = 组字
        .CommandType = adCmdText
    End With
    '建立及定义参数 parameter
    Set Prm1 = cmd1.CreateParameter("[请输入月份]", adInteger, adParamInput)
    '用 append 方法将 Prm1 参数补进指令对象的参数对象集合中
    cmd1.Parameters.Append Prm1
    '用 inputbox 输入方块,取得使用者输入的信息,再用 trim 修剪函数去掉空白
    Int1 = Trim(InputBox("请输入月份?", "程序设计范例"))
    Prm1.Value = Int1
    '执行参数查询 parameter query
    cmd1.Execute
```

```
        Set Rs1 = New ADODB.Recordset
        Rs1.CursorType = adOpenStatic
        Rs1.LockType = adLockReadOnly
        Rs1.Open cmd1, , adOpenStatic, adLockReadOnly, True
        '利用循环将表栏的记录值打印在立即窗口
        Do Until Rs1.EOF
            Str1 = ""
            For Each FldLoop In Rs1.Fields
                Str1 = Str1 & FldLoop.Value & Chr(9)
            Next FldLoop
            Debug.Print Str1
            Rs1.MoveNext
        Loop
        'repared 属性表示是否要在执行之前存储一个编译过的指令版本
        'Cmd1.Prepared 传回 false,是默认值
        Debug.Print cmd1.Prepared
End Sub
Sub 循环打印存款表()
        '使用 dim 声明变量及其值,并分配存储空间
        Dim rsCustomers As Recordset
        Dim fldMyField As Field
        Dim strForRow As String
        '以下两行是程序能顺利运行的先决条件,Set 陈述式指定对象引用
        '链接至目前的项目数据库 CurrentProject
        Set rsCustomers = New ADODB.Recordset
        rsCustomers.ActiveConnection = CurrentProject.Connection
        '在 Recordset 对象上利用 Open 方法打开一个资料并指向它
        'rsCustomers 代表基本表、查询结果或现存的 Recordset 等的数据库
        rsCustomers.Open "收支信息", , adOpenKeyset, adLockOptimistic, adCmdTable
        '循环 Loop through recordset and fields with rows.
        strForRow = ""              '本循环将对每个字段进行遍历操作
        For Each fldMyField In rsCustomers.Fields
            strForRow = strForRow & fldMyField.Name & "; "
        Next fldMyField
        Debug.Print strForRow
        '本循环将记录组字
        Do Until rsCustomers.EOF
            strForRow = ""
            For Each fldMyField In rsCustomers.Fields
                strForRow = strForRow & fldMyField & "; "
            Next fldMyField
            Debug.Print strForRow
            rsCustomers.MoveNext
        Loop
        '请打开视图立即窗口观看上面的打印结果
        'rsCustomers.Close
End Sub
```

1.5　系统运行结果

下面浏览一下大学生理财信息管理系统的运行结果,首先打开"大学生理财系统"数据库,并在左侧的"所有 Access 对象"中选择"窗体"对象,双击打开"用户界面"窗体,如图 3-3 所示,这就是大学生理财系统的主界面。

图 3-3　"用户界面"窗体

主界面上有 4 个功能按钮:收支信息管理、收支信息打印、查询父亲给予明细和查询某月份收支情况。

(1) 单击"收支信息管理"按钮,即打开收支信息表,如图 3-4 所示。

编号	日期	收入	支出	余额	项目
3	2010-5-12	0.00	2,000.00	143,001.00	图书费用
4	2010-5-13	85,000.00	0.00	228,000.00	母亲
5	2010-5-14	0.00	1,200.00	226,800.00	着装费用
6	2010-6-2	0.00	2,500.00	224,300.00	着装费用
7	2010-6-1	0.00	1,200.00	223,100.00	餐饮费用
8	2010-6-1	20,000.00	0.00	243,100.00	母亲
9	2010-6-1	0.00	5,000.00	238,100.00	学校费用
10	2010-6-1	0.00	7,000.00	231,100.00	住宿费用
11	2010-6-1	0.00	5,600.00	225,500.00	图书费用
12	2010-6-1	3,000.00	0.00	228,500.00	父亲
13	2010-6-1	0.00	6,700.00	221,800.00	交通费用
14	2010-7-1	3,500.00	0.00	225,300.00	父亲
15	2010-7-1	0.00	2,000.00	223,300.00	餐饮费用
16	2010-7-16	0.00	30,000.00	193,300.00	图书费用
17	2010-8-5	0.00	3,000.00	190,300.00	学校费用
18	2010-8-11	20,000.00	0.00	210,300.00	父亲
19	2010-8-12	0.00	2,000.00	208,300.00	餐饮费用
20	2010-8-23	0.00	5,000.00	203,300.00	着装费用
21	2010-9-12	0.00	6,000.00	197,300.00	餐饮费用
22	2010-9-24	0.00	25,000.00	172,300.00	学校费用
23	2010-9-26	0.00	6,000.00	166,300.00	住宿费用
* ####		0.00	0.00	0.00	

记录: ◄ 第1项(共23项) ► ►I ►* 无筛选器　搜索

图 3-4　收支信息表

(2) 单击"收支信息打印"按钮,即开始打印收支信息清单。

(3) 单击"查询父亲给予明细"按钮,即将父亲所给予的钱在一个表中列出,如图 3-5

所示。

（4）单击"查询某月份收支情况"按钮，首先弹出如图 3-6 所示的输入月份提示框，在框中输入 6，单击"确定"按钮，即可查询出 6 月份收支情况，如图 3-7 所示。

图 3-5　查询父亲给予明细表

图 3-6　输入月份

图 3-7　6 月份收支情况查询结果

第2章 商品信息管理系统

本章以一个商场信息管理系统为研究对象,详细介绍系统的设计与实现过程。通过本章的学习,可以掌握如何以 VBA 为前端应用程序,实现人机交互,达到数据管理和使用的目的,Access 2007 为数据库,实现数据的处理。

2.1 系统需求分析

商品信息管理系统主要实现对商品信息的管理,从实用的角度考虑,要求该系统实现如下功能。

(1) 系统登录功能:负责程序的安全,使有合法身份的用户才能登录。

(2) 用户管理功能:实现用户的管理,一般用户可以进入系统修改自己的密码,系统管理员可以添加新用户,设置新用户的权限。

(3) 商品信息录入功能:实现对商品信息录入。

(4) 数据查询功能:通过各种条件实现对已有的商品信息的查询操作。

(5) 数据修改功能:实现对已有的数据进行修改、删除或添加新的商品信息。

(6) 库存输出功能:使用表格方式显示并输出商品的库存。

2.2 系 统 设 计

商品信息管理系统的设计分为系统功能设计和数据库设计两部分。

2.2.1 系统功能设计

商品信息管理系统功能结构如图 3-8 所示。该系统要求实现的基本功能较为简单,主要实现对商品信息的录入和管理,包括用户管理、商品管理、商品查询和商品库存 4 个功能模块。

在设计应用程序时,首先必须知道要求实现的基本功能,然后通过程序代码来实现。商品信息管理系统中各模块要实现的基本功能如下。

(1) 用户管理界面:主要用于录入用户的基本信息,其基本功能要求实现添加用户信息。

(2) 商品管理界面:主要用于录入商品的详细信息,以便加

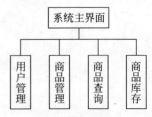

图 3-8 系统功能结构

强对商品的管理,其基本功能要求添加商品信息。以及修改和删除商品信息,并更新到商品数据表。

(3)商品查询界面:主要通过表单形式查询所有商品的信息,其基本功能要求实现逐条记录查询,也可通过条件过滤进行查询。

(4)商品库存界面:显示并输出当前库存中各商品的相关信息。

2.2.2 数据库设计

根据前面的系统功能分析可知,该系统的数据来源主要是商品及用户信息。

(1)商品基本信息:主要存储商品的相关信息,包括商品的编号、名称、价格、单位、进货时间、数量、供应商等,本系统中许多对数据库的访问都是针对商品基本信息的。

(2)用户基本信息:主要用于存储系统的用户信息,包括用户名、密码和备注。

根据系统功能分析及数据分析,确定本系统需要两个基本数据表,即商品信息表、用户信息表,其基本结构如图 3-9 和图 3-10 所示。

字段名称	数据类型	说明
编号	自动编号	
名称	文本	
价格	货币	
单位	文本	
进货时间	日期/时间	
数量	数字	
供应商	文本	
备注	文本	

图 3-9 商品信息表

字段名称	数据类型	说明
用户名	文本	用户使用的名称
密码	文本	用户设置的密码
备注	文本	记录与用户相关的信息

图 3-10 用户信息表

2.3 数据库与表的设计

本节利用 Access 2007 提供的数据库创建方法设计"商品信息管理系统"数据库,首先要建立 Access 2007 数据库,然后进行数据库表和查询的创建。

1. 创建数据库

在 Access 2007 中创建商品信息管理系统数据库的步骤如下:

(1)启动 Access 2007 后,选择"新建空白数据库"中的"空白数据库"选项,则在窗体右侧出现"空白数据库"窗格。

(2)在"空白数据库"窗格的文件名输入框中输入"商品信息管理.accdb",并选择适当的存储路径。单击"创建"按钮,创建数据库完毕,并出现"商品信息管理"数据库窗口。至此"商品信息管理"系统数据库的创建完成。

2. 表的设计

创建或打开数据库后,便可以为数据库创建和设计表。在 Access 中收集来的信息都存储在表中。创建表的方法有3种，使用设计器创建表、使用向导创建表和通过输入数据创建表，这里使用表设计器来创建"商品信息"表。

（1）打开"商品信息管理"数据库。

（2）单击"创建"选项卡"表"组中的"表设计"按钮，将打开"表设计视图"，

（3）在表设计视图中输入"商品信息"表的"字段名称"、在数据类型中选择输入"数据类型"，并设定数据类型的"字段大小"。表设置主键字段为"编号"。

（4）表设计完后，将表保存并命名为"商品信息"。

采用同样的方法创建"用户信息"表，设计过程可参照上述步骤完成。

2.4　系统窗体设计

完成了数据库和数据表的创建后，有关数据结构的所有后端工作已经完成。根据系统需求所要求实现的功能，就可以开发数据处理应用程序了。主要是一些窗体的设计和窗体功能的实现。

2.4.1　登录窗体设计

用户登录是为了确定该用户是否具备使用系统的权力及访问各模块的权限。登录时，用户输入用户名和密码，单击"确认"按钮，应用程序将输入的用户名和密码与数据库的"用户信息"表中的已有用户信息进行比较，如果有相符的记录，则该用户有权进入系统，并确定该用户的权限等级，以便进行模块访问时验证。"登录"窗体中各控件及其属性如表3-4所示，"登录"窗体界面如图3-11所示。

表 3-4　"登录"窗体的各控件及其属性

类　型	标　题	名　称
文本框	用户名	txtusername
文本框	密码	txtpassword
标签	用户名	lblusername
标签	密码	lblpassword
命令按钮	确定	cmdenter
命令按钮	取消	cmdcancel
命令按钮	退出	cmdexit

图 3-11　"登录"窗体界面

在打开"登录"窗体时触发 form_open()事件。当打开窗体时,由于"用户名"和"密码"文本框中没有输入数据,所以"确定"按钮不可用,在窗体释放事件 form_keyup()中,判断"用户名"和"密码"是否都输入决定"确定"按钮是否可用。单击"确定"按钮时触发 cmdenter_click()事件。单击"取消"按钮时,触发 cmdcancle_click()将文本框清空。单击"退出"按钮时,触发 cmdexit_click()事件,退出数据库系统。

"登录"窗体中的所有事件代码如下:

```
Option Compare Database
Public Function openrecord(str1 As String, record As ADODB.Recordset)
'创建一个查询,把符合 str1 中的 SQL 语句的记录集打开到 record 中
    '为记录集 record 分配空间
    Set record = New ADODB.Recordset
    '使用本数据库的连接打开记录集
    record.Open str1, CurrentProject.Connection, adOpenKeyset, adLockOptimistic
End Function


Private Sub form_open(Cancel As Integer)
    '设置打开窗体时的属性
    cmdenter.Enabled = False
    Form.KeyPreview = True
End Sub


Private Sub cmdenter_click()
    Dim strpassword, strusername As String
    Dim flag As Integer
    Dim record As ADODB.Recordset
    flag = 0
    '从"用户信息"表中读取用户名和密码
    openrecord "select * from 用户信息", record
    '循环判断用户名是否存在,密码是否正确
    Do Until record.EOF
        strusername = record("用户名")
        strpassword = record("密码")
        If UCase(Me.txtusername.Value) <> UCase(strusername) Then
            record.MoveNext
        '若相等,说明用户名存在,可以跳出循环
        Else
            flag = 1
            Exit Do
        End If
    Loop
    'flag = 0 说明用户名不存在,进行处理
    '设置文本框的内容为空,"确定"按钮不可用,焦点设在 txtusername
    If flag = 0 Then
        MsgBox "没有这个用户名,请重新输入"
        Me.txtpassword.Value = ""
        Me.txtusername.Value = ""
        Me.txtusername.SetFocus
        cmdenter.Enabled = False
```

```
        Exit Sub
    '若 flag = 1 说明所输入的用户名存在,进一步比较密码是否正确
    '若密码出错,设置 txtusername 的内容不变,txtpassword 的内容为空
    '若密码出错,"确定"按钮不可用,并把焦点设在 txtpassword
    Else
        If UCase(Me.txtpassword.Value) <> UCase(strpassword) Then
            MsgBox ("密码错误,请重新输入")
            Me.txtpassword.Value = ""
            Me.txtpassword.SetFocus
            cmdenter.Enabled = False
            Exit Sub
        End If
    End If
    '用户名和密码都正确,打开"主界面"窗体
    DoCmd.Close
    DoCmd.OpenForm "主界面"
End Sub


Private Sub cmdcancle_Click()
    '设置"取消"按钮的事件过程
    '单击取消后,文本框的内容为空,"确定"按钮不可用
    txtpassword = ""
    Me.txtusername.Value = ""
    cmdenter.Enabled = False
    txtusername.SetFocus
End Sub


Private Sub form_keyup(keycode As Integer, Shift As Integer)
'检测用户名,密码文本框是否都有字符,有的话设置"确定"按钮可用
'在 txtusername 或 txtpassword 中每输入一个字符,触发执行本段程序
'根据当前活动的控件名选择执行 txtusername 或 txtpassword 的模块语句

    Select Case Me.ActiveControl.Name
    '若 txtusername 和 txtpassword 中都至少有一个字符,cmdenter 可用,否则不可用
        Case "txtusername":
        '焦点在 txtusername 时,若此文本框为空,则 cmdenter 不可用,退出此过程
            If Me.ActiveControl.Text = "" Or IsNull(Me.ActiveControl.Text) Then
                cmdenter.Enabled = False
                Exit Sub
            '若 txtpassword 文本框为空,则 cmdenter 不可用,退出此过程
            Else
                If Me.txtpassword.Value = "" Or IsNull(Me.txtpassword.Value) Then
                    cmdenter.Enabled = False
                    Exit Sub
                End If
            End If
        Case "txtpassword":
        '焦点在 txtpassword 时,若此文本框为空,则 cmdenter 不可用,退出此过程
            If Me.ActiveControl.Text = "" Or IsNull(Me.ActiveControl.Text) Then
                cmdenter.Enabled = False
                Exit Sub
```

```
'若 txtusername 文本框为空,则 cmdenter 不可用,退出此过程
    Else
        If Me.txtusername.Value = "" Or IsNull(Me.txtusername.Value) Then
            cmdenter.Enabled = False
            Exit Sub
        End If
    End If
Case Else:
    '焦点在其他控件,直接退出过程
        Exit Sub
End Select
'txtusername 和 txtpassword 中都至少有一个字符,设置 cmdenter 可用
cmdenter.Enabled = True
Exit Sub
End Sub

Private Sub cmdexit_click()
'单击"退出"按钮,退出 Access
    DoCmd.Quit
End Sub
```

2.4.2 主界面窗体设计

"主界面"窗体的功能是实现与其他窗体和报表的连接,系统用户可以根据自己的需要,选择相应的按钮操作。下面介绍"商品信息管理系统"窗体的创建。

1. 窗体界面设计

本节所要创建窗体对象为主窗体,在主窗体中有许多功能按钮,用户只需要单击窗体上的按钮,就会启动命令按钮的 Click 过程,运行过程代码,如用户管理或数据录入等。

在主窗体中有 1 个标签和 5 个按钮对象,表 3-5 所示是商品信息管理系统主窗体中对象的属性设置,这里只列出了一些重要的属性设置,没有列出的为默认设置。

表 3-5 主界面窗体属性值

对 象 名 称	属 性 名 称	属 性 值
Lable1	标题	欢迎使用商品信息管理系统
cmd1	标题	用户管理
	单击	[事件过程]
cmd2	标题	商品管理
	单击	[事件过程]
cmd3	标题	商品查询
	单击	[事件过程]
cmd4	标题	商品库存
	单击	[事件过程]
cmd5	标题	退出
	单击	[事件过程]

根据表 3-5 中的对象及属性设置,所创建的窗体设计视图如图 3-12 所示。

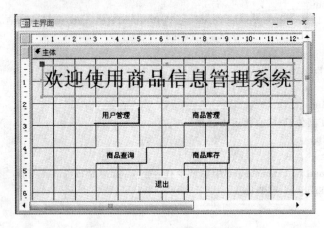

图 3-12　主界面窗体设计视图

2. 按钮事件过程

主界面中各命令按钮的事件代码如下:

```
Option Compare Database
'用户管理事件
Private Sub cmd1_Click()
On Error GoTo Err_cmd1_Click
    Dim stDocName As String
    Dim stLinkCriteria As String
    stDocName = "用户管理"
    DoCmd.OpenForm stDocName, , , stLinkCriteria
Exit_cmd1_Click:
    Exit Sub
Err_cmd1_Click:
    MsgBox Err.Description
    Resume Exit_cmd1_Click
End Sub
'商品管理事件
Private Sub cmd2_Click()
On Error GoTo Err_cmd2_Click
    Dim stDocName As String
    Dim stLinkCriteria As String
    stDocName = "商品管理"
    DoCmd.OpenForm stDocName, , , stLinkCriteria
Exit_cmd2_Click:
    Exit Sub
Err_cmd2_Click:
    MsgBox Err.Description
    Resume Exit_cmd2_Click
End Sub
'商品查询事件
Private Sub cmd3_Click()
On Error GoTo Err_cmd3_Click
    Dim stDocName As String
    Dim stLinkCriteria As String
    stDocName = "商品查询"
```

```
        DoCmd. OpenForm stDocName, , , stLinkCriteria
Exit_cmd3_Click:
        Exit Sub
Err_cmd3_Click:
        MsgBox Err. Description
        Resume Exit_cmd3_Click
End Sub
'商品库存事件
Private Sub cmd4_Click()
On Error GoTo Err_cmd4_Click
        Dim stDocName As String
        Dim stLinkCriteria As String
        stDocName = "商品库存"
        DoCmd. OpenForm stDocName, , , stLinkCriteria
Exit_cmd4_Click:
        Exit Sub
Err_cmd4_Click:
        MsgBox Err. Description
        Resume Exit_cmd4_Click
End Sub
'退出事件
Private Sub cmd5_Click()
'单击"退出"按钮,退出 Access
    DoCmd. Quit
End Sub
```

2.4.3 用户管理窗体设计

"用户管理"功能实现对系统的所有用户的管理。用户管理窗体的界面如图 3-13 所示。窗体的主要控件属性如表 3-6 所示。在此窗体上,完成用户添加、删除、修改等功能。

表 3-6   用户管理窗体控件属性

类　型	标　题	名　称
文本框	用户名	用户名
文本框	密码	密码
文本框	密码确认	txtpassword
文本框	备注	备注
标签框	用户名	Label1
标签框	密码	Label2
标签框	密码确认	Label3
标签框	备注	Label4
命令按钮	位图"移至第一项"	cmdfirst
命令按钮	位图"移至前一项"	cmdbefore
命令按钮	位图"移至下一项"	cmdnext
命令按钮	位图"移至最后一项"	cmdlast
命令按钮	编辑用户	cmdedit
命令按钮	添加用户	cmdadd
命令按钮	删除用户	cmddel
命令按钮	撤销修改	cmdcancle
命令按钮	保存修改	cmdsave

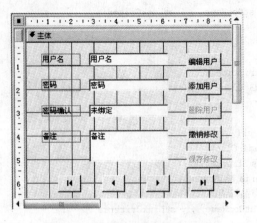

图 3-13　用户管理窗体设计视图

　　利用命令按钮为"编辑用户"、"添加用户"、"删除用户"、"撤销删除"、"保存修改"以及记录导航添加的事件过程如下：

```
Option Compare Database
Public flag As Integer
Private Sub Form_Load()
'设置窗体加载时的属性
    cmdedit.Enabled = True
    cmdadd.Enabled = True
    cmddel.Enabled = False
    cmdsave.Enabled = False
    cmdcancle.Enabled = False
    cmdfirst.Enabled = True
    cmdbefore.Enabled = True
    cmdnext.Enabled = True
    cmdlast.Enabled = True
    flag = 0
    txtpassword = ""
    Form.AllowEdits = True
    用户名.Locked = True
    密码.Locked = True
    备注.Locked = True
    Form.AllowDeletions = False
    Form.AllowAdditions = False
    Form.RecordLocks = 0
End Sub
Private Sub cmdedit_Click()
'通过密码确认判断使用者是否有权利编辑此用户
    If txtpassword.Value <> 密码 Then
        MsgBox "确认密码不对,无法编辑,请再次输入确认密码"
        '设置 txtpassword 内容为空,并使其获得焦点
        txtpassword.Value = ""
        txtpassword.SetFocus
        Exit Sub
    Else
```

```
            '设置窗体可删除
                Form.AllowDeletions = True
            '设置密码,备注可更改
                密码.Locked = False
                备注.Locked = False
            '设置记录导航按钮不可用
                cmdfirst.Enabled = False
                cmdbefore.Enabled = False
                cmdnext.Enabled = False
                cmdlast.Enabled = False
            '设置某些按钮的可用性
                cmdadd.Enabled = False
                cmddel.Enabled = True
                cmdsave.Enabled = True
                cmdcancle.Enabled = True
                txtpassword.Value = ""
                cmdsave.SetFocus
                cmdedit.Enabled = False
        End If
    End Sub
End Sub
Private Sub cmdadd_Click()
'添加记录操作
On Error GoTo Err_cmdadd_Click
'设置标记为 1
        flag = 1
'设置窗体可增加记录
        用户名.Locked = False
        密码.Locked = False
        备注.Locked = False
        Form.AllowAdditions = True
'设置记录导航按钮不可用
        cmdfirst.Enabled = False
        cmdbefore.Enabled = False
        cmdnext.Enabled = False
        cmdlast.Enabled = False
'设置某些按钮的可用性
        cmdedit.Enabled = False
        cmdcancle.Enabled = True
        cmdsave.Enabled = True
        cmddel.Enabled = False
        用户名.SetFocus
        cmdadd.Enabled = False
        DoCmd.GoToRecord , , acNewRec
        txtpassword = ""
Exit_cmdadd_Click:
        Exit Sub
Err_cmdadd_Click:
        MsgBox Err.Description
        Resume Exit_cmdadd_Click
End Sub
Private Sub cmddel_Click()
```

数据库应用系统案例

```
'删除用户操作
On Error GoTo Err_cmddel_Click
    DoCmd.DoMenuItem acFormBar, acEditMenu, 8, , , acMenuVer70
    DoCmd.DoMenuItem acFormBar, acEditMenu, 6, , , acMenuVer70
'设置记录导航按钮可用
        cmdfirst.Enabled = True
        cmdbefore.Enabled = True
        cmdnext.Enabled = True
        cmdlast.Enabled = True
'设置按钮的可用性和窗体的属性
        Form.AllowEdits = True
        Form.AllowDeletions = False
        Form.AllowAdditions = False
        Form.RecordLocks = 0
        用户名.Locked = True
        密码.Locked = True
        备注.Locked = True
        cmdedit.Enabled = True
        cmdadd.Enabled = True
        cmdsave.Enabled = False
        cmdcancle.Enabled = False
        txtpassword.Value = ""
        cmdedit.SetFocus
        cmddel.Enabled = False
'标记变为 0
        flag = 0
Exit_cmddel_Click:
        Exit Sub
Err_cmddel_Click:
        MsgBox Err.Description
        Resume Exit_cmddel_Click
End Sub


Private Sub cmdcancle_Click()
'撤销删除操作
On Error GoTo Err_cmdcancle_Click
        If flag = 1 Then
        '设置记录导航按钮可用
            cmdfirst.Enabled = True
            cmdbefore.Enabled = True
            cmdnext.Enabled = True
            cmdlast.Enabled = True
            cmdadd.Enabled = True
        '设置某些按钮的可用性
            cmddel.Enabled = False
            cmdedit.Enabled = True
            cmdadd.Enabled = True
            cmdsave.Enabled = False
            cmdedit.SetFocus
            cmdcancle.Enabled = False
        '取消添加
```

```
    '设置窗体可删除记录
        Form.AllowDeletions = True
        DoCmd.DoMenuItem acFormBar, acEditMenu, 8, , acMenuVer70
        DoCmd.DoMenuItem acFormBar, acEditMenu, 6, , acMenuVer70
    '设置 txtpassword 内容为空
        txtpassword.Value = ""
    '重新设置窗体不可删除
        Form.AllowDeletions = False
    '设置撤销后转到前一个记录
        DoCmd.GoToRecord , , acPrevious
    '标记变为 0
        flag = 0
    '窗体不可添加记录
        用户名.Locked = True
        密码.Locked = True
        备注.Locked = True
        Form.AllowAdditions = False
    End If
    DoCmd.DoMenuItem acFormBar, acEditMenu, acUndo, , acMenuVer70
Exit_cmdcancle_Click:
    Exit Sub
Err_cmdcancle_Click:
    ' MsgBox Err.Description
    cmdsave.SetFocus
    cmdcancle.Enabled = False
    Resume Exit_cmdcancle_Click
End Sub


Private Sub cmdsave_Click()
'保存操作
On Error GoTo Err_cmdsave_Click
'设置记录导航按钮可用
    cmdfirst.Enabled = True
    cmdbefore.Enabled = True
    cmdnext.Enabled = True
    cmdlast.Enabled = True
    If flag = 1 Then
        If txtpassword.Value <> 密码 Then
            MsgBox "两个密码不一样,无法保存,请再次输入密码"
            txtpassword.Value = ""
            txtpassword.SetFocus
            Exit Sub
        End If
    End If
    If flag = 2 Then
        If txtpassword.Value <> 密码 Then
            MsgBox "密码已改,请输入正确的确认密码或重置密码"
            txtpassword.Value = ""
            txtpassword.SetFocus
            Exit Sub
        End If
```

```
            End If
            DoCmd.DoMenuItem acFormBar, acRecordsMenu, acSaveRecord, , acMenuVer70
            '设置按钮的可用性和窗体的属性
                Form.AllowEdits = True
                Form.AllowDeletions = False
                Form.AllowAdditions = False
                Form.RecordLocks = 0
                用户名.Locked = True
                密码.Locked = True
                备注.Locked = True
                cmdedit.Enabled = True
                cmdadd.Enabled = True
                cmddel.Enabled = False
                cmdcancle.Enabled = False
                txtpassword.Value = ""
                cmdedit.SetFocus
                cmdsave.Enabled = False
                '标记变为0
                flag = 0
Exit_cmdsave_Click:
        Exit Sub
Err_cmdsave_Click:
        MsgBox Err.Description
        Resume Exit_cmdsave_Click
End Sub


Private Sub cmdfirst_Click()
On Error GoTo Err_cmdfirst_Click
'设置向前键不可用,向后键可用
        cmdbefore.Enabled = False
        cmdnext.Enabled = True
        DoCmd.GoToRecord , , acFirst
Exit_cmdfirst_Click:
        Exit Sub
Err_cmdfirst_Click:
        MsgBox Err.Description
        Resume Exit_cmdfirst_Click
End Sub
Private Sub cmdbefore_Click()
On Error GoTo Err_cmdbefore_Click
'如果向前键可用,则设置向后键可用
        If cmdbefore.Enabled = True Then cmdnext.Enabled = True
        DoCmd.GoToRecord , , acPrevious
Exit_cmdbefore_Click:
        Exit Sub
Err_cmdbefore_Click:
        cmdnext.SetFocus
        cmdbefore.Enabled = False
        MsgBox Err.Description
        Resume Exit_cmdbefore_Click
End Sub
```

```
Private Sub cmdnext_Click()
On Error GoTo Err_cmdnext_Click
'如果向后键可用,则设置向前键可用
    If cmdnext.Enabled = True Then cmdbefore.Enabled = True
    DoCmd.GoToRecord , , acNext
Exit_cmdnext_Click:
    Exit Sub
Err_cmdnext_Click:
    cmdfirst.SetFocus
    cmdnext.Enabled = False
    MsgBox Err.Description
    cmdfirst.SetFocus
    cmdnext.Enabled = False
    Resume Exit_cmdnext_Click
End Sub
Private Sub cmdlast_Click()
On Error GoTo Err_cmdlast_Click
'设置向后键不可用,向前键可用
    cmdbefore.Enabled = True
    cmdnext.Enabled = False
    DoCmd.GoToRecord , , acLast
Exit_cmdlast_Click:
    Exit Sub
Err_cmdlast_Click:
    MsgBox Err.Description
    Resume Exit_cmdlast_Click
End Sub
Private Sub 用户名_Change()
    cmdcancle.Enabled = True
End Sub
Private Sub 密码_Change()
    cmdcancle.Enabled = True
    flag = 2
End Sub
Private Sub 备注_Change()
    cmdcancle.Enabled = True
End Sub
```

2.4.4　商品管理窗体设计

商品管理模块主要实现的功能包括商品数据新增、商品数据修改和商品数据删除操作。

1. 商品数据编辑窗体的设计

"商品管理"窗体用于管理人员维护商品信息,其界面如图 3-14 所示。

在设计"商品管理"窗体时,首先需要设计其中的"商品信息"列表子窗体,用于显示所有商品信息记录,并将"商品信息"子窗体插入"商品管理"窗体中。在"商品信息"子窗体中,有 8 个标签和 8 个文本框,文本框和"商品信息"表中对应字段绑定。

2. 按钮事件过程

商品信息管理功能包括"商品管理"主窗体和"商品信息"子窗体,对应两个窗体中的事

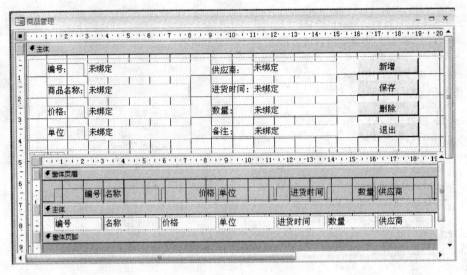

图 3-14 商品管理设计视图

件如下。

1)"商品管理"主窗体按钮事件过程

```
Option Compare Database
Dim flag As Integer
Private Sub cmdadd_Click()
  '新增操作
  '设置命令按钮的可用性,及初始文本框
  cmdsave.Enabled = True
  cmdsave.SetFocus
  cmdadd.Enabled = False
  cmddel.Enabled = False
  cmdexit.Enabled = True
  Me.txtgoodname.Value = ""
  Me.txtprice.Value = ""
  Me.txtunit.Value = ""
  Me.txtprovider.Value = ""
  Me.txttime.Value = ""
  Me.txtnum.Value = ""
  Me.txtmemo.Value = ""
  flag = 1    '为新增标记
End Sub
Private Sub cmdsave_Click()
'保存输入信息
  If txtgoodname.Value = "" Then
    MsgBox "请输入商品名称"
    Exit Sub
  End If
  If txtPrice.Value = "" Then
    MsgBox "请输入价格"
    Exit Sub
  End If
  If Not IsNumeric(txtPrice.Value) Then
```

```
      MsgBox "价格不为数字"
      Exit Sub
    End If
    If txtNum.Value = "" Then
      MsgBox "请输入采购数量"
      Exit Sub
    End If
    If Not IsNumeric(txtNum.Value) Then
      MsgBox "采购数量不为数字"
      Exit Sub
    End If
    'ADO方法处理数据的新增和修改
    Dim str As String
    Dim rs As New ADODB.Recordset
    If flag = 1 Then    '新增记录
      str = "SELECT * FROM 商品信息"
      Set rs = GetRS(str)
      rs.AddNew
      rs.Fields("名称").Value = Me.txtgoodname.Value
      rs.Fields("价格").Value = Val(Me.txtprice.Value)
      rs.Fields("单位").Value = Me.txtunit.Value
      rs.Fields("进货时间").Value = Me.txttime.Value
      rs.Fields("数量").Value = Val(Me.txtnum.Value)
      rs.Fields("供应商").Value = Me.txtprovider.Value
      rs.Fields("备注").Value = Me.txtmemo.Value
      rs.Update
      '刷新子窗体数据源
      Me.商品信息.Form.Requery
      Set rs = Nothing
      MsgBox "添加成功"
    End If
    If flag = 2 Then   '修改记录
      str = "SELECT * FROM 商品信息 WHERE 编号 = " & Me.txtbh.Value
      Set rs = GetRS(str)
      rs.Fields("名称").Value = Me.txtgoodname.Value
      rs.Fields("价格").Value = Val(Me.txtprice.Value)
      rs.Fields("单位").Value = Me.txtunit.Value
      rs.Fields("进货时间").Value = Me.txttime.Value
      rs.Fields("数量").Value = Val(Me.txtnum.Value)
      rs.Fields("供应商").Value = Me.txtprovider.Value
      rs.Fields("备注").Value = Me.txtmemo.Value
      rs.Update
      '刷新子窗体数据源
      Me.商品信息.Form.Requery
      Set rs = Nothing
      MsgBox "修改成功"
    End If
End Sub
Private Sub cmddel_Click()
'删除当前记录
    flagy = MsgBox("是否确实要删除当前记录!", vbYesNo)
    If flagy = 7 Then  '选了"否"退出
      Exit Sub
    End If
```

```
        Dim sqlstr As String
        sqlstr = "DELETE * FROM 商品信息 WHERE 编号 = " & txtbh.Value
        ExecuteSQL (sqlstr)
        initform
        Me.商品信息.Form.Requery
        MsgBox "删除成功"
    End Sub
    Private Sub cmdexit_Click()
        DoCmd.Close    '关闭窗体
    End Sub
    Private Sub Form_Load()
        '窗体加载,设置命令按钮可用性
        initform
    End Sub
    Sub initform()    '初始化窗体控件值
        cmdadd.Enabled = True
        cmdadd.SetFocus
        cmdsave.Enabled = False
        cmddel.Enabled = False
        cmdexit.Enabled = True
        Me.txtgoodname.Value = ""
        Me.txtprice.Value = ""
        Me.txtunit.Value = ""
        Me.txtprovider.Value = ""
        Me.txttime.Value = ""
        Me.txtnum.Value = ""
        Me.txtmemo.Value = ""
    End Sub
    '输入: Select 语句
    '输出: 返回记录集
    Public Function GetRS(ByVal strSQL As String) As ADODB.Recordset
        Dim rs As New ADODB.Recordset
        Dim conn As New ADODB.Connection
        On Error GoTo GetRS_Error
        Set conn = CurrentProject.Connection    '打开当前连接
        rs.Open strSQL, conn, adOpenKeyset, adLockOptimistic
        Set GetRS = rs
    GetRS_Exit:
        Set rs = Nothing
        Set conn = Nothing
        Exit Function
    GetRS_Error:
        MsgBox (Err.Description)
        Resume GetRS_Exit
    End Function
    '执行 SQL 的 Update、Insert 和 Delete 语句
    Public Sub ExecuteSQL(ByVal strSQL As String)
        Dim conn As New ADODB.Connection
        On Error GoTo ExecuteSQL_Error
        Set conn = CurrentProject.Connection    '打开当前连接
        Dim aa As Integer
        conn.Execute (strSQL)
    ExecuteSQL_Exit:
        Set conn = Nothing
```

```
        Exit Sub
ExecuteSQL_Error:
        MsgBox (Err.Description)
        Resume ExecuteSQL_Exit
End Sub
```

2) "商品信息"子窗体事件过程

```
Private Sub 主体_DblClick(Cancel As Integer)
    '双击子窗体中的记录时,在父窗体的文本框中显示当前记录的详细信息,此时可以对记录进行修
改和删除操作
    Me.Parent.txtbh.Value = Me.编号
    Me.Parent.txtgoodname.Value = Me.名称
    Me.Parent.txtprice.Value = Me.价格
    Me.Parent.txtunit.Value = Me.单位
    Me.Parent.txttime.Value = Me.进货时间
    Me.Parent.txtnum.Value = Me.数量
    Me.Parent.txtprovider.Value = Me.供应商
    Me.Parent.txtmemo.Value = Me.备注
    '设置命令按钮在修改状态的可用性
    Me.Parent.cmdadd.Enabled = False
    Me.Parent.cmdsave.Enabled = True
    Me.Parent.cmddel.Enabled = True
    Me.Parent.cmdexit.Enabled = True
    Me.Parent.flag = 2   '设置为修改标记
End Sub
```

2.4.5 商品查询窗体设计

选择"主界面"中的"查询选购"项,将出现如图 3-15 所示的窗体。这个窗体实现了按不同的检索入口对商品信息进行简单查询和复杂查询,并可对查询结果按不同字段进行排序。

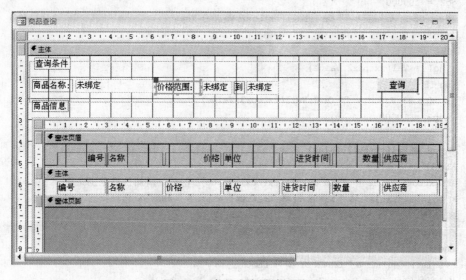

图 3-15 商品查询设计视图

图 3-15 中的控件包括查询条件部分和结果显示部分。查询条件部分放置了 3 个文本框，txtbox1 文本框为输入商品名称，txtbox2 和 txtbox3 文本框为输入价格范围。查询结果的显示通过插入 2.4.4 节所建立的"商品信息"子窗体来实现。

单击"查询"按钮触发 cmdQuery_Click()事件，单击"退出"按钮触发 cmdExit_Click()事件，程序如下：

```
Option Compare Database
Dim sqlstr As String  '查询字符串变量
Private Sub Form_Load()
'商品信息子窗体中显示商品信息
    sqlstr = "SELECT * FROM 商品信息 ORDER BY 编号 DESC"
    Me.商品信息.Form.RecordSource = sqlstr
    Me.商品信息.Form.Requery
End Sub
Private Sub cmdquery_Click()
    Dim goodname As String  '商品名称变量
    Dim jg1 As Integer  '价格变量 1
    Dim jg2 As Integer  '价格变量 2
    Dim sqlwhere As String  '条件变量
    '处理查询语句
    sqlstr = "SELECT * FROM 商品信息 "
    If Trim(txtbox1.Value) = "" Or IsNull(txtbox1.Value) Then
        sqlwhere = ""
    Else
        sqlwhere = "名称 LIKE '*" & Trim(txtbox1.Value) & "*'"
        sqlstr = sqlstr & " WHERE " & sqlwhere
    End If
    '组合价格范围条件
    jg1 = 0
    jg2 = 100000
    If txtbox2.Value = "" Or IsNull(txtbox2.Value) Then
        jg1 = 0
    Else
        jg1 = Val(txtbox2.Value)
    End If
    If txtbox3.Value = "" Or IsNull(txtbox3.Value) Then
        jg2 = 10000
    Else
        jg2 = Val(txtbox3.Value)
    End If
    If txtbox1.Value = "" Or IsNull(txtbox1.Value) Then    '增加价格范围条件
        sqlstr = sqlstr & " WHERE 价格 BETWEEN " & jg1 & " AND " & jg2
    Else
        sqlstr = sqlstr & " AND (价格 BETWEEN " & jg1 & " AND " & jg2 & ")"
    End If
    sqlstr = sqlstr & " ORDER BY 编号 DESC"
    Me.商品信息.Form.RecordSource = sqlstr
    Me.商品信息.Form.Requery
End Sub
```

2.4.6 商品库存统计输出窗体设计

在"主界面"中选择"商品库存"将打开"商品库存"功能,其设计视图窗体如图 3-16 所示。这个窗体中可以显示所有商品的库存,统计库存商品的种类、数量和金额,并可以 Excel 格式输出商品库存清单。

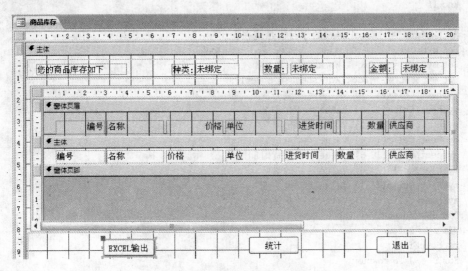

图 3-16 商品库存设计视图

在图 3-16 中放置了 3 个文本框,分别用来显示当前订购图书的种数、册数和金额,1 个子窗体和 3 个命令按钮,商品库存信息显示在"商品信息"子窗体中。

当单击"Excel 输出"按钮时,触发 cmdExcelOutput_Click 事件,输出 Excel 格式的商品库存清单,当单击"统计"按钮时,触发 cmdStatistics_Click 事件,所有库存商品的种类、数量和金额分别显示在文本框中,单击"退出"按钮,触发 cmdExit_Click 事件,退出程序。程序清单如下:

```
Option Compare Database
Private Sub cmdExcelOutput_Click()
'输出商品库存数据 Excel 清单
  Dim myExcel As Excel.Application        '声明一个 application 对象
  Dim myBook As Excel.Workbook            '声明一个工作簿对象
  Dim mySheet As Excel.Worksheet          '声明一个工作表对象
  Dim rs As New ADODB.Recordset
  Dim rownum As Long
  Dim filename As String
'输入 Excel 文件名
  filename = InputBox("请输入 Excel 文件名,如 aaa.xls")
  If filename = "" Then
    MsgBox ("文件名未输入!")
    Exit Sub
  End If
  filename = "d:\" + filename
'打开商品信息数据集
```

```
txtSQL = "SELECT 编号,名称,价格,单位,进货时间,数量,供应商,备注 FROM 商品信息"
Set rs = GetRS(txtSQL)
rownum = rs.RecordCount
If rownum < 1 Then
    MsgBox ("没有商品记录转出!")
    Exit Sub
End If
'将数据集中的数据写到 Excel 文件中
Me.Caption = "Excel 格式的库存信息正在输出……"
Set myExcel = CreateObject("Excel.Application")
Set myBook = myExcel.Workbooks().Add
Set mySheet = myBook.Worksheets("sheet1")
mySheet.Cells(1, 1).Value = "编号"
mySheet.Cells(1, 2).Value = "名称"
mySheet.Cells(1, 3).Value = "价格"
mySheet.Cells(1, 4).Value = "单位"
mySheet.Cells(1, 5).Value = "进货时间"
mySheet.Cells(1, 6).Value = "数量"
mySheet.Cells(1, 7).Value = "供应商"
mySheet.Cells(1, 8).Value = "备注"
Dim r As Integer
Dim c As Integer
rs.MoveFirst
For r = 1 To rownum
    For c = 1 To 8
        mySheet.Cells(r + 1, c).Value = rs(c - 1)
    Next c
    rs.MoveNext
    Me.Caption = "Excel 格式记录正在输出……" & str(r)
Next r
myBook.SaveAs (filename)                    '数据保存到文件中
myExcel.Quit
myExcel.Workbooks.Close
MsgBox ("数据转为 Excel 完毕,Excel 文件为 " & filename & ",记录数量为" & str(rownum))
Me.Caption = "商品库存输出"
Set myExcel = Nothing
Set myBook = Nothing
Set mySheet = Nothing
End Sub
'函数 GetRs 功能:执行 SQL 的 Select 语句,返回记录集
Public Function GetRS(ByVal strSQL As String) As ADODB.Recordset
    Dim rs As New ADODB.Recordset
    Dim conn As New ADODB.Connection
    On Error GoTo GetRS_Error
    Set conn = CurrentProject.Connection        '打开当前连接
    rs.Open strSQL, conn, adOpenKeyset, adLockOptimistic
    Set GetRS = rs
GetRS_Exit:
    Set rs = Nothing
    Set conn = Nothing
    Exit Function
GetRS_Error:
    MsgBox (Err.Description)
    Resume GetRS_Exit
```

```
End Function
Private Sub cmdStatistics_Click()
'统计所有商品的种类、数量和金额并显示
  Dim zl As Integer    '种类
  Dim sl As Integer    '数量
  Dim je As Integer    '金额
  Dim rs As New ADODB.Recordset
  txtSQL = "SELECT count( * ) AS zl,sum(数量) AS sl,sum(数量 * 价格) AS je FROM   商品信息"
  Set rs = GetRS(txtSQL)
  zl = rs("zl")
  sl = rs("sl")
  je = rs("je")
  txtzhong.Value = zl
  txtnumber.Value = sl
  txtPrice.Value = je
End Sub
Private Sub cmdExit_Click()
  DoCmd.Close
End Sub
```

2.5 系统运行结果

下面浏览一下商品管理系统的运行结果,首先打开"商品信息管理"数据库,在导航窗格中选择"登录"窗体,并双击,打开如图 3-17 所示的登录界面。

输入用户名和密码,然后单击"确定"按钮,即可进入如图 3-18 所示的商品信息管理系统主界面。从系统主界面中可以看出,系统包括的功能有用户管理、商品管理、商品查询和商品库存 4 个方面的功能。

1. 用户管理

"用户管理"窗体如图 3-19 所示,当需要对商品管理系统的使用权限进行控制时,这个窗体可以实现添加或修改用户名和密码等操作。

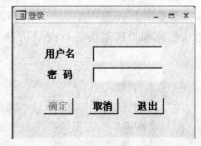

图 3-17 系统登录界面

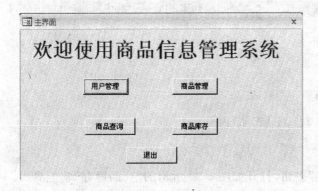

图 3-18 系统主界面

图 3-19 "用户管理"窗体

209

2. 商品管理

在系统"主界面"中单击"商品管理"按钮,打开如图 3-20 所示的"商品管理"功能界面。可以实现对商品信息的新增、修改和删除操作。

图 3-20　商品管理界面

3. 商品查询

在系统"主界面"中单击"商品查询"按钮,打开如图 3-21 所示的"商品查询"功能界面。与大多数数据库应用系统一样,商品信息管理系统也提供简单查询功能。在此窗体中,可按商品名称和价格范围进行商品信息的查询。

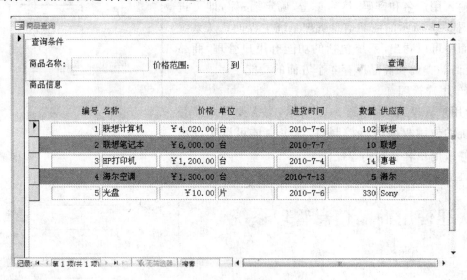

图 3-21　商品查询界面

4. 商品库存

在系统"主界面"中单击"商品库存"按钮,打开如图 3-22 所示的"商品库存"功能界面。在此窗体中,可以查看当前商品库存的所有信息,可统计出所有商品库存的种类、数量和金额,并可输出 Excel 库存清单。

图 3-22 商品库存界面

参 考 文 献

[1]　熊拥军,刘卫国.数据库技术与应用实践教程——SQL Server 2005.北京:清华大学出版社,2010.

[2]　施伯乐,丁宝康,汪卫.数据库系统教程.第3版.北京:高等教育出版社,2008.

[3]　丁宝康,汪卫,张守志.数据库系统教程.习题解答与实验指导.第3版.北京:高等教育出版社,2009.

[4]　陈志泊.数据库原理及应用教程.第2版.北京:人民邮电出版社,2008.

[5]　任淑美,李宁湘.关系数据库应用基础——基于 Access 2007.广州:华南理工大学出版社,2009.

[6]　李书珍.数据库应用技术(Access 2007).北京:中国铁道出版社,2010.

[7]　王卫国,罗志明,张伊.Access 2007 中文版入门与提高.北京:清华大学出版社,2009.

[8]　丁卫颖,付瑞峰,赵延军.Access 2007 图解入门与实例应用.北京:中国铁道出版社,2008.

[9]　李春葆;曾平.数据库原理与应用——基于 Access 2003.第2版.北京:清华大学出版社,2008.

[10]　訾秀玲.Access 数据库技术及应用教程.北京:清华大学出版社,2007.

[11]　张迎新.数据库及其应用系统开发(Access 2003).北京:清华大学出版社,2006.

[12]　张婷,余健.Access 2007 课程设计案例精编.北京:清华大学出版社,2008.